Martin Meinholdt / Cornelia Sanzenbacher

Mathematik

Realschule 8. Schuljahr

TRAINING

Klett Lernen und Wissen

Cornelia Sanzenbacher ist Realschullehrerin für Mathematik und Musik in Baden-Württemberg. Sie ist seit vielen Jahren in der Lehrerfortbildung tätig.

Martin Meinholdt ist Realschullehrer für Mathematik, Physik und Chemie in Baden-Württemberg. Seit 2007 ist er als Ausbildungslehrer tätig.

Bibliographische Information Der Deutschen Bibliothek
Die Deutsche Bibliothek verzeichnet diese Publikation in der Deutschen Nationalbibliographie; detaillierte bibliographische Daten sind im Internet über http://dnb.ddb.de abrufbar.

Auflage 4. 3. 2. 1. | 2011 2010 2009 2008
Die letzten Zahlen bezeichnen jeweils die Auflage und das Jahr des Druckes.
Dieses Werk folgt der reformierten Rechtschreibung und Zeichensetzung.
Ausnahmen bilden Texte, bei denen künstlerische, philologische oder lizenzrechtliche oder andere Gründe einer Änderung entgegenstehen.

Internetadresse: www.klett.de
Zeichnungen: S. 13, 15, 81, 90: Naomi Fearn, Berlin; S. 11, 76: Steffen Jähde, Berlin
Grafische Zeichnungen: SMP Oehler, Remseck
Umschlaggestaltung: VIER FÜR TEXAS Ideenwerk, Frankfurt/Main
Lektorat: Jürgen Grimm, Braunschweig
Satz: SMP Oehler, Remseck
Reproduktion: Meyle + Müller, Medien-Management, Pforzheim
Druck: Mediahaus Biering GmbH, München
Printed in Germany.
ISBN: 978-3-12-927083-7

9 783129 270837

Liebe Schülerin, lieber Schüler,

dieses Übungsbuch hilft dir im Fach Mathematik fit zu werden. Du kannst es von Anfang bis Ende durcharbeiten oder dir einzelne Kapitel und Themen herausgreifen, die du für den Unterricht oder vor Klassenarbeiten ganz gezielt wiederholen möchtest.

Alle Kapitel sind gleich aufgebaut:

- **Wissen**
  In gelben Kästen sind Regeln, Erklärungen und Beispiele zum betreffenden Thema zusammengestellt. Hier wiederholst du, wie du immer wiederkehrende Probleme schrittweise nach einem bestimmten Schema lösen kannst und worauf du besonders achten musst.

- **Übungen**
  Hier legst du richtig los: Die Übungsaufgaben beginnen mit einfachen Rechenaufgaben und gehen in ihrem Schwierigkeitsgrad bis hin zu etwas umfangreicheren Anwendungsaufgaben. Diese Übungsaufgaben solltest du bis auf wenige Ausnahmen ohne Taschenrechner lösen. Das Beherrschen der Grundrechenarten ist nämlich eine wichtige Voraussetzung für gute Leistungen.

- **Tests und Checklisten**
  Am Ende jedes Kapitels kannst du in einem **Test** und mit einer **Checkliste** kontrollieren, ob du den Stoff wirklich beherrschst.

- **Lösungen**
  Ob du die Aufgaben richtig gelöst hast, kannst du im Lösungsteil am Ende des Buches nachschlagen. Hier findest du auch wichtige Angaben für den Lösungsweg.

Wir wünschen dir viel Erfolg und viel Spaß beim Lernen!

1 Rechnen mit Termen

1.1 Vorkenntnisse

In diesem Abschnitt kannst du überprüfen, ob du das Rechnen mit Brüchen, rationalen Zahlen und Termen beherrscht. Das ist eine wichtige Voraussetzung für viele weitere Themen in diesem Schuljahr.

So rechnest du mit Brüchen

Brüche werden **addiert** oder **subtrahiert**, indem du sie auf einen **gemeinsamen Nenner** bringst und dann die Zähler addierst oder subtrahierst.

Beispiele: $\frac{3}{4} + \frac{4}{5} = \frac{3 \cdot 5}{4 \cdot 5} + \frac{4 \cdot 4}{5 \cdot 4} = \frac{15 + 16}{20} = \frac{31}{20} = 1\frac{11}{20}$ | ( ) erweitern

$3\frac{1}{7} - \frac{2}{3} = 3\frac{1 \cdot 3}{7 \cdot 3} - \frac{2 \cdot 7}{3 \cdot 7} = 3\frac{3 - 14}{21} = 2\frac{24 - 14}{21} = 2\frac{10}{21}$

Brüche werden **multipliziert**, indem du Zähler mit Zähler und Nenner mit Nenner multiplizierst. Kürze vorher, wenn es geht.

Beispiel: $\frac{15}{21} \cdot \frac{14}{27} = \frac{15 \cdot 14}{21 \cdot 27} = \frac{5 \cdot 2}{3 \cdot 9} = \frac{10}{27}$ | 14 und 21 gekürzt mit 7; 15 und 27 gekürzt mit 3

Dividend : Divisor
$\frac{7}{12} : \frac{35}{18}$

Brüche werden **dividiert**, indem du mit dem Kehrbruch des Divisors multiplizierst und dann wie bei der Multiplikation weiter rechnest.

Beispiel: $\frac{7}{12} : \frac{35}{18} = \frac{7}{12} \cdot \frac{18}{35} = \frac{7 \cdot 18}{12 \cdot 35} = \frac{1 \cdot 3}{2 \cdot 5} = \frac{3}{10}$ | 12 und 18 gekürzt mit 6; 7 und 35 gekürzt mit 7

1

a) $\frac{7}{12} + \frac{3}{8}$ b) $1\frac{2}{3} - \frac{7}{9}$ c) $2\frac{8}{15} - 1\frac{1}{6}$ d) $\frac{51}{64} + \frac{53}{56}$

2

a) $\frac{3}{7} \cdot \frac{7}{9}$ b) $\frac{25}{36} \cdot \frac{48}{45}$ c) $1\frac{3}{17} \cdot 2\frac{4}{15}$ d) $3\frac{4}{27} \cdot 1\frac{6}{51}$

3

a) $\frac{7}{12} : \frac{3}{4}$ b) $\frac{48}{45} : \frac{20}{27}$ c) $2\frac{2}{3} : 2\frac{4}{15}$ d) $3\frac{14}{27} : 1\frac{2}{17}$

So rechnest du mit rationalen Zahlen

Die Zahlen haben neben dem **Rechenzeichen** noch ein **Vorzeichen**.
Beispiel: (+4) − (+3) oder (−5) + (−3) oder (+13) · (−7) oder (−48) : (−16)

Oft lässt man das + Vorzeichen einfach weg und setzt nur das − Vorzeichen mit der Zahl in eine Klammer.
Beispiel: (+24) + (−17) = 24 + (−17)

Bei **Strichrechnungen** + und − ergeben verschiedene Vorzeichen den Rechenvorgang des Subtrahierens, gleiche Zeichen den des Addierens. Im Ergebnis erscheint das gemeinsame Zeichen oder das Zeichen der Zahl mit dem höheren Betrag.

Beispiele:
(−5) + (−3) = −5 − 3 = −8
4 − (−3) = 4 + 3 = 7
(−7) − (−3) = (−7) + 3 = 3 − 7 = −4

Bei **Punktrechnungen** · und : gilt der Grundsatz:
bei gleichen Vorzeichen wird das Ergebnis positiv: +
bei verschiedenen Vorzeichen wird das Ergebnis negativ: −

Beispiele:
(+13) · (+7) = +(13 · 7) = +91
(−48) : (−16) = +(48 : 16) = +3
(+4) · (−9) = −(4 · 9) = −36
(−3) · (+7) = −(3 · 7) = −21
(+25) : (−4) = −(25 : 4) = −6,25

4

a) (−21) − (+14) + (−35) − (−117)
b) (+72) + (−38) − (+93) −(−57)
c) (−13) + (−24) + (−55) + (−41)
d) (−57) + (+12) − (−33) − (+45)

5

a) (+17) · (−5)
b) (−24) · (−4)
c) (−27) · 15
d) 35 · (−42)
e) 156 : (−12)
f) (367,65) : 57

6

Runde auf zwei Stellen hinterm Komma.

a) (−406,9) : (+31,8)
b) (+281,7) : (− 17,5)
c) (296,8 − 805,1) : 36,5
d) (321 − 66) : (515 − 478)

So rechnest du mit Termen

Bei **Zahlentermen** gelten folgende Regeln:
Punktrechnung geht vor Strichrechnung.
Beispiel: $17 + 4 \cdot 12 = 17 + 48 = 65$

Was in Klammern steht, musst du zuerst rechnen.
Beispiel: $52 - (13 + 21) = 52 - 34 = 18$

Wenn mehrere Klammern zu berechnen sind, beginnst du mit der innersten Klammer.

Wenn du die Rechenschritte untereinander schreibst, wird deutlicher, wie du vorgehen musst.

Beispiel: $250 - (21 \cdot (17 - 8) - 130) =$
$250 - (21 \cdot 9 - 130) =$
$250 - (189 - 130) =$
$250 - 59 = 191$

Terme mit Variablen kannst du **zusammenfassen**, indem du gleiche Variable addierst oder subtrahierst.
Beispiel: $6x + 7y - 4x + 2y = 6x - 4x + 7y + 2y = 2x + 9y$

Terme kannst du **multiplizieren** und **dividieren**, wenn du nur die Koeffizienten (Zahl vor der Variablen) multiplizierst oder dividierst.

Im Ergebnis lässt du die Malpunkte zwischen Zahl und Variablen weg.

Beispiel: $3x \cdot 4y \cdot 5z = 3 \cdot 4 \cdot 5 \cdot x \cdot y \cdot z = 60xyz$

Terme kannst du **berechnen**, wenn du Zahlen für die Variablen einsetzt.
Beispiel: Berechne den Wert des Terms $5x - 2y$ für $x = 2$ und $y = 3$:
$5x - 2y \Rightarrow 5 \cdot 2 - 2 \cdot 3 = 10 - 6 = 4$

7

a) $-10 - (2{,}4 - 7 \cdot (6{,}8 - 9{,}2))$

b) $20{,}42 + (7{,}1 \cdot (-4{,}7) - (2{,}4 \cdot (-1{,}5) - 8{,}35))$

c) $-\left(\frac{2}{3} - \frac{1}{5}\right) + \left(\frac{1}{5} - \frac{2}{3}\right)$

8

a) $7a + 6b - 4a + 3b$

b) $4a \cdot (3a - 7) + 3 \cdot (4a + 7)$

9

a) Berechne $(14a - 7b) \cdot 3$ für $a = 2{,}5$ und $b = 7{,}5$

b) Berechne $(2x - 6) + (4y + 4) \cdot \frac{1}{3}$ für $x = \frac{1}{3}$ und $y = \frac{3}{4}$

1.2 Ausmultiplizieren und Ausklammern

So multiplizierst du aus

Jeder Summand in der Klammer muss mit dem vor der Klammer stehenden Faktor multipliziert werden.

Beispiel: $4 \cdot (3x + 7) =$ Jeder Summand in der Klammer muss
$4 \cdot 3x + 4 \cdot 7 =$ **mit 4 multipliziert** werden.
$12x + 28$

So klammerst du aus

Der in jedem Term enthaltene gemeinsame Faktor wird vor die Klammer geschrieben.

Beispiel: $14x + 35y =$ In jedem der beiden Summanden steckt
$7 \cdot 2x + 7 \cdot 5y =$ der **gemeinsame Faktor 7**, den du vor
$7 \cdot (2x + 5y)$ die Klammer schreibst.

1

Multipliziere die Klammern aus.

a) $8 \cdot (3x - 4y)$ b) $5 \cdot (4x + 3y - 7z)$ c) $6a \cdot (2b - 5c)$
d) $7xy \cdot (x + 3y)$ e) $(-1) \cdot (3x - 2)$ f) $4x - (3x - 2)$

Wenn du eine Klammer mit (−1) multiplizierst, dann ist das so, als würdest du eine Minusklammer auflösen.
Beispiel:
$(-1) \cdot (x + 3) =$
$-(x + 3) =$
$-x - 3$

2

a) $7ab \cdot (5 - 3a + 9b)$ b) $8xy \cdot (3y + 5x - 6)$
c) $-6abc \cdot (9ab + 3b - 8c + 10)$ d) $x \cdot (2y - 3z) - y(z + 2x) + z(3x + y)$

3

Klammere gemeinsame Faktoren aus.

a) $42a + 28b - 14c$ b) $16x - 8$ c) $3x - 12y + 2x + 7y + 5$

4

a) $12a + 15b$ b) $2xy - 10y^2$ c) $-8a + 6ab$
d) $-8a - 6ab$ e) $-7s^2 - 21rs$ f) $a^2b + ab^2$

5

Verwandle in ein Produkt, indem du zweimal einen Term ausklammerst.

a) $2ab + 4ac + 3b + 6c$ b) $5yz - 15y^2 - 2xz + 6xy$

1.4 Binomische Formeln

In der Mathematik taucht häufig der Fall auf, dass zwei gleiche Summen oder Differenzen zu multiplizieren sind. Hierbei handelt es sich um Sonderfälle der Multiplikation von Summen bzw. Differenzen.

So multiplizierst du gleiche Summen und Differenzen

Multipliziere wie üblich jeden Summanden der ersten Summe mit jedem Summanden der zweiten Summe.

Beispiel: $(5x + 7y) \cdot (5x + 7y)$

$= 5x \cdot 5x + 5x \cdot 7y + 7y \cdot 5x + 7y \cdot 7y$

$= 25x^2 + 2 \cdot 35xy + 49y^2$

$= 25x^2 + 70xy + 49y^2$

$25x^2$	$70xy$	$49y^2$
↓	↓	↓
Quadrat des ersten Summanden	Doppeltes Produkt der beiden Summanden	Quadrat des zweiten Summanden

Diesen mathematischen Sachverhalt drückt man in den so genannten **binomischen Formeln** aus.

$(a + b) \cdot (a + b) = (a + b)^2 = a^2 + 2ab + b^2$ **1. binomische Formel**

$(a - b) \cdot (a - b) = (a - b)^2 = a^2 - 2ab + b^2$ **2. binomische Formel**

Beim Multiplizieren einer Summe mit einer Differenz der gleichen Zahlen ergibt sich die 3. binomische Formel:

$(a + b) \cdot (a - b) = a^2 + ab - ab - b^2 = a^2 - b^2$ **3. binomische Formel**

1

Fülle die Leerstellen aus.

a) $(x + 4)^2 = x^2 + \square\, x + \square$

b) $(a - 6)^2 = a^2 \square \square\, a + \square$

c) $(2a - 3b)(2a \square 3b) = 4a^2 \square \square$

d) $(\square + 2y)^2 = 9x^2 + \square + \square$

e) $(4z + 3u)(\square \square \square) = (4z + 3u)^2$

f) $(0{,}5s - 0{,}25v)^2 = \square \square \square \square \square$

2

a) $(x+ 5)^2$ b) $(2a + 3b)^2$ c) $(x - 15)^2$ d) $(4x - 5y)^2$

3

a) $(a - 2b)(a + 2b)$ b) $(3x + 4y)(3x - 4y)$ c) $(5p - 7q)(7q + 5p)$

d) $(6x - 5y)(-5y - 6x)$ e) $\left(\frac{1}{3}x - \frac{2}{5}y\right)\cdot\left(\frac{1}{3}x + \frac{2}{5}y\right)$

4

a) $4(3y - 4z)^2$ b) $3c(5a + 7b)^2$ c) $(8x - 7y)^2\cdot 2z$

5

a) $(x + 6)^2 - (x + 8)^2$ b) $(2x - 9)^2 - (3x - 5)^2$

c) $(169 + 26x + x^2) - (x + 13)^2$ d) $3(4x - 2y)^2 - (32x^2 - 32xy + 8y^2)$

1.5 Faktorisieren mit binomischen Formeln

Mit dem Ausklammern von gemeinsamen Faktoren aus Summen bist du bereits vertraut. Zur Lösung von bestimmten Aufgaben ist es notwendig, dreiteilige Summenterme in Produkte zu verwandeln. Dabei können die binomischen Formeln helfen.

So kannst du dreiteilige Summenterme in Produkte umwandeln

Versuche eine der binomischen Formeln anzuwenden. Dies klappt aber nur, wenn das „**doppelte Produkt**" stimmt.

1. Beispiel: $49x^2 + \mathbf{70xy} + 25y^2$

1. Summand: $7x$ | 2. Summand: $5y$

Doppeltes Produkt: $2 \cdot 7x \cdot 5y = \mathbf{70xy}$

$(a + b)^2$ — **1. Summand + 2. Summand**

Übereinstimmung, also gilt: $49x^2 + 70xy + 25y^2 = (7x + 5y)^2$

2. Beispiel: $16a^2 - \mathbf{42ab} + 36b^2$

1. Summand: $4a$ | 2. Summand: $-6b$

Doppeltes Produkt: $-2 \cdot 4a \cdot 6b = \mathbf{-48ab}$

Keine Übereinstimmung, also lässt sich der Summenterm nicht mit der 2. binomischen Formel in ein Produkt umwandeln.

1

Lassen sich diese Summen in Produkte verwandeln?

a) $a^2 + 2ab + b^2$ b) $a^2 - 2ab - b^2$ c) $a^3 + 2ab + b^2$

d) $a^2 - 2ab + b$ e) $2g^2 + 27gh + 5h^2$ f) $x^2 + 8xy + y^3$

2

Verwandle in ein Binom.

a) $a^2 + 24a + 144$ b) $b^2 - 8b + 16$ c) $2a^2 + 12ab + 18b^2$

d) $5p^2 - 20pq + 20q^2$ e) $x^2 + 3x + 2{,}25$ f) $k^2 - 5k + 6{,}25$

g) $4x^2 - 16x + 16$ h) $25a^2 - 30ab + 9b^2$ i) $48x^2 + 120xy + 75y^2$

3

Löse die Gleichungen indem du so umformst, dass du die Lösungen gleich ablesen kannst.

a) $x^2 + 8x + 16 = 0$ b) $x^2 - 10x + 25 = 0$ c) $x^2 - 25 = 0$

d) $64x^2 - 25 = 0$ e) $a^2 - 0{,}04 = 0$ f) $72x^2 - 648 = 0$

4

Suche durch Umformen Rechenvorteile.

a) $2 \cdot (x + 2)^2 = x^2 - 4$ b) $(x + 2)^2 + 256 = 2x^2 + 4x + 4$

1

Rechne aus.

a) $\frac{5}{8}+\frac{7}{12}$ b) $3\frac{1}{5}-\frac{7}{15}$ c) $1\frac{3}{24}\cdot\frac{16}{54}$

Punkte: max.6 d) $2\frac{12}{25}:1\frac{49}{75}$ e) $54-(-17)+(-26)$ f) $(473-328):(17-75)$

2

Vereinfache die folgenden Terme.

a) $5\cdot(7x-3y)+2\cdot(4x-3y)$

b) $27a-18ab$

c) $4xy\cdot(35-17x+23y)$

Punkte: max.4 d) $36ab-45a^2+12b^2-15ab$

3

a) $(12a-21b)\cdot(7a+9b)$

b) $(4x+15y)\cdot(7x-18y)-(7x+33y)\cdot x$

Punkte: max.3 c) $(3m-8n)(7n-2m)-3(m+5n)(4m-2n)$

4

a) $(x+7y)^2$

b) $(6x-8y)^2$

c) $(12a+9b)\cdot(12a-9b)$

Punkte: max.4 d) $\frac{(3x-2)^2}{9x^2-4}$

5

Verwandle die Terme in ein Binom.

a) $4x^2-20x+25$

b) $16a^2+104ab+169b^2$

Punkte: max.3 c) $48x^2-144x+108$

Gesamtpunkte: max.20

Aufgaben Nummer	erreichte Punktzahl von (...)	Lernerfolg	Lerneinheit abhaken ✓
1	_____ (6)	Wenn du volle Punktzahl hast, dann kannst du gut mit Brüchen rechnen. Du darfst den Lernabschnitt abhaken.	1.1
2	_____ (4)	Wenn du vier Punkte erreicht hast, dann beherrschst du das Rechnen mit ganzen Zahlen und darfst den Lernabschnitt abhaken.	1.2
3	_____ (3)	Wenn du hier 3 Punkte erhalten hast, kannst du den Lernabschnitt Multiplizieren von Summen abhaken.	1.3
4	_____ (4)	Das Kapitel „Binomische Formeln“ ist sehr wichtig, deshalb ist es gut, wenn du 4 Punkte erreicht hast und den Lernabschnitt abhaken kannst.	1.4
5	_____ (3)	Du bist gut, wenn du hier alle drei Aufgaben richtig gelöst hast. Hake den Lernabschnitt ab, aber vergiss ihn nicht.	1.5

15 – 20 Punkte	8 – 14 Punkte	0 – 7 Punkte
Prima, du hast diesen Lernabschnitt gut verstanden! Nun kannst du beim nächsten Lernabschnitt weiter machen.	Du hast viel gelernt, aber es könnte auch besser sein. Wiederhole die Lernabschnitte noch einmal, die in deiner Checkliste nicht abgehakt sind.	Es gibt bei dir noch viele Unsicherheiten. Du musst noch mehr üben! Wiederhole die Lernabschnitte noch einmal, die in deiner Checkliste nicht abgehakt sind.

2 Gleichungen

2.1 Gleichungen lösen

Wenn du eine Gleichung mit einer Unbekannten lösen sollst, dann ist es dein Ziel, die Gleichung durch Termumformungen so zu verändern, dass auf der linken Seite die Variable x steht und auf der rechten Seite eine Zahl, welche dann die **Lösung** ist.

So kannst du Gleichungen mithilfe von Termumformungen lösen

1. Beispiel:	Beschreibung der Termumformung	Kurzform
$x - 7 = 0$	Du addierst 7 auf beiden Seiten der	$\mid +7$
$x - 7 + 7 = 0 + 7$	Gleichung und erhältst die Lösung.	
$x = 7$		
2. Beispiel:		
$3x = 6$	Du dividierst beide Seiten der Gleichung durch 3;	$\mid :3$
$\frac{3x}{3} = \frac{6}{3}$	kürze $\frac{3x}{3} = \frac{1}{1}x = x$ und $\frac{6}{3} = \frac{2}{1} = 2$,	
$x = 2$	dies ist die Lösung.	
3. Beispiel:		
$\frac{2}{5}x = \frac{14}{15}$	Du dividierst durch $\frac{2}{5}$, indem du mit	$\mid :\frac{2}{5} \Rightarrow$
$\frac{\overset{1}{2}}{\underset{1}{5}} \cdot \frac{\overset{1}{5}}{\underset{1}{2}}x = \frac{\overset{7}{14}}{\underset{3}{15}} \cdot \frac{\overset{1}{5}}{\underset{1}{2}}$	dem Kehrbruch $\frac{5}{2}$ multiplizierst. Nun musst du kürzen und erhältst	$\mid \cdot\frac{5}{2}$
$x = \frac{7}{3}$	die Lösung.	
4. Beispiel:		
$\frac{2}{7}x - 1 = \frac{5}{7}$	Wenn du die Gleichung mit 7 multiplizierst, dann kürzen sich alle	$\mid \cdot 7$
$\frac{2}{7}\cdot 7x - 1\cdot 7 = \frac{5}{7}\cdot 7$	vorhandenen Brüche heraus.	
$2x - 7 = 5$	Jetzt addierst du 7 auf beiden Sei-	
$2x - 7 + 7 = 5 + 7$	ten.	$\mid +7$
$2x = 12$	Als letzten Schritt dividierst du die	
$\frac{2}{2}x = \frac{12}{2}$	Gleichung durch 2	$\mid :2$
$x = 6$	und erhältst die Lösung.	

1

a) $x + 31 = 5$

b) $x - 1{,}6 = 37{,}5$

c) $2x - 26 = 9 + x$

d) $(3 - x) \cdot 4 = 5x - 24$

2

a) $16x + 14 - 3x = \frac{1}{7}(392 + 56x) - x$

b) $40 \cdot (x + 0{,}6) - 6 \cdot (x - 8) = 174$

c) $(x - 2) \cdot 4 + (x + 5) \cdot 2 = 5 \cdot (24 - 2x) + 10$

d) $(x + 2) \cdot (x + 2) + (-232) = (x + 16) \cdot (x - 16)$

3

Gib die Lösungen als Brüche an.

a) $2x + \frac{31}{9} = 5 - 5x$

b) $(12x - 8) \cdot \frac{1}{4} = 3 \cdot (2 - 4x)$

c) $\frac{14}{15}x - \frac{17}{12} + \frac{4}{15}x = \frac{4}{12} + \frac{12}{5}x - \frac{10}{4}$

4

a) $(x - 2) \cdot (3x - 9) = 0$

b) $0 = (1 - x) \cdot (3 - x)$

c) $(x - 1) \cdot (x + 1) = 0$

d) $(2x - 4) \cdot (3x + 1) = 0$

Erinnerst du dich, dass ein Produkt null wird, wenn einer der Faktoren null ist? Also gibt es bei der Aufgabe 4 jeweils zwei Lösungen.

5

Addiere zum Fünffachen einer Zahl 16. Du erhältst −34.
Wie lautet die Zahl?

2.2 Gleichungen mit Klammern

Oft musst du Gleichungen mit Klammern lösen.
Es gibt Klammern, vor denen nur ein Minuszeichen steht, oder aber eine Zahl, mit der du die Klammer multiplizieren musst.
Die dritte Variante ist das Produkt zweier Klammern.

So kannst du Gleichungen mit Klammern lösen

1. Beispiel:

	Beschreibung der Termumformung
$12 \cdot x - 6 = 3 \cdot (3x + 1)$	Klammer ausmultiplizieren
$12 \cdot x - 6 = 9x + 3$	auf beiden Seiten $\mid +6$
$12x - 6 + 6 = 9x + 3 + 6$	ausrechnen
$12x = 9x + 9$	auf beiden Seiten $\mid -9x$
$12x - 9x = 9x - 9x + 6$	ausrechnen
$3x = 6$	auf beiden Seiten dividieren $\mid :3$
$\frac{3x}{3} = \frac{6}{3}$	kürzen
$x = 2$	2 ist die Lösung

2. Beispiel:

$2x - (4 - 6x) = 7 - (3x + 2)$	Klammern auflösen, indem du die
$2x - 4 + 6x = 7 - 3x - 2$	Vorzeichen in der Klammer
$8x - 4 = 5 - 3x$	wechselst. Zusammenfassen
$8x + 3x - 4 + 4 = 5 - 3x + 3x + 4$	Termumformungen: $\mid +3x \mid +4$
$11x = 9$	Zusammenfassen
$\frac{11x}{11} = \frac{9}{11}$	Beide Seiten durch 11 dividieren
$x = \frac{9}{11}$	Die Lösung heißt $\frac{9}{11}$

Sicher hast du inzwischen bemerkt, dass sich bestimmte Terme aufheben, wie z. B. $+4x - 4x$. Du darfst das in Zukunft weglassen. Dadurch verkürzt sich die Rechnung.

3. Beispiel:

$3 \cdot (4x - 7) = 3 + 4(x - 3)$	Klammern ausmultiplizieren
$3 \cdot 4x - 3 \cdot 7 = 3 + 4 \cdot x - 4 \cdot 3$	Produkte berechnen
$12x - 21 = 3 + 4x - 12$	Gleiches zusammenfassen
$12x - 4x = 3 + 4x - 4x - 12 + 21$	Termumformungen: $\mid -4x \mid +21$
$8x = 12$	Zusammenfassen und durch 8 dividieren
$x = 1{,}5$ oder $\frac{12}{8} = \frac{3}{2}$	Das Ergebnis kannst du kürzen und als Bruch stehen lassen.

4. Beispiel:

$(7x-5)(4x+6)=(2x+1)(14x-6)$	Klammern ausmultiplizieren
$28x^2-20x+42x-30$	Zusammenfassen
$=28x^2+14x-12x-6$	$\vert -28x^2$
$22x-30=2x-6$	
$22x-2x=-6+30$	Termumformungen: $\vert -2x \vert +30$
$20x=24$	Zusammenfassen
$x=\frac{24}{20}=\frac{12}{5}=2{,}4$	Durch 20 dividieren
	Als Lösung kannst du auch den Bruch stehen lassen.

Die beiden x^2-Glieder müssen gleich sein, damit sie aus der Gleichung herausfallen. Tun sie dies nicht, hast du einen Rechenfehler gemacht.

1

a) $7x+36-(45-16x)=18x+31$
b $32-6x=17+2x-(5+3x)$
c) $49-(24+3x)=(9x+21)-(13-5x)$
d) $72-(14x+28)=(23x-48)-(12x-17)$

2

a) $4\cdot(3x-7)=110-(4+2x)\cdot 3$
b) $7\cdot(17+5x)=6\cdot(21+4x)+15$
c) $12\cdot(8x-15)=9\cdot(11x-27)$
d) $14\cdot(5x-7)-13\cdot(4x-5)=183$

3

a) $(3-x)(-x-7)=(x+7)^2$
b) $(17x-4)(5+3x)=62x+(8x-3)(5x-7)+11x^2$
c) $(2x+1)(3+2x)=4(x^2+5x-8)-5$
d) $(x+2)^2-232=(x+16)(x-16)$

4

a) $19-x=3\,[(2x-11)+1]$
b) $13\,[x+2(9-x)+1]=0$
c) $16(1-x)=3\,[19-7(x-9)-5x]$
d) $\frac{1}{3}\left[\frac{2}{3}(x-1)-(x-12)\right]=\frac{7}{9}$

2.3 Bruchterme

Welche Terme sind Bruchterme?

Bruchterme sind Terme, die im Nenner Variable haben.

Beispiele: $\frac{x+3}{x-2}$ $\frac{7-x}{3x}$ $\frac{(5+x)^2}{x(x-4)}$

Was ist die Definitionsmenge von Bruchtermen?

In Bruchterme kannst du nicht alle Zahlen einsetzen, um einen Wert zu berechnen. Du musst solche Zahlen ausschließen, die im Nenner den Wert null ergeben würden. Deshalb gibt man vor dem Rechnen mit Bruchtermen immer eine **Definitionsmenge** an, in der die Zahlen enthalten sind, die du in den Bruchterm ohne Probleme einsetzen kannst.

Für den ersten Beispiel-Term $\frac{x+3}{x-2}$ darfst du für x keine **2** einsetzen, weil sonst der Nenner $2 - \mathbf{2} = \mathbf{0}$ ergeben würde.
Die Definitionsmenge enthält also alle rationalen Zahlen außer der Zahl 2. Man schreibt dafür kurz: $\mathbb{D} = \mathbb{Q} \setminus \{2\}$.

Beim zweiten Beispiel-Term $\frac{7-x}{3x}$ musst du die Zahl **0** ausschließen, weil $\mathbf{3} \cdot 0 = 0$, also gilt $\mathbb{D} = \mathbb{Q} \setminus \{3\}$.

Der dritte Bruch-Term $\frac{(5+x)^2}{x(x-4)}$ hat sogar zwei Zahlen, die du in der Definitionsmenge ausschließen musst.
Erstens könnte $x = 0$ sein, dann ergibt der Nenner $0 \cdot (0 - 4) = 0$
Zweitens könnte $x = 4$ sein, dann ergibt sich für den Nenner:
$4 \cdot (4 - 4) = 4 \cdot 0 = 0$.
Die Definitionsmenge heißt deshalb: $\mathbb{D} = \mathbb{Q} \setminus \{0; 4\}$.

1

Bestimme die Definitionsmenge.

a) $\frac{7x}{10-x}$ b) $\frac{x+3}{1+x}$ c) $\frac{x^2}{4x}$ d) $\frac{3-x^2}{x(x+5)}$ e) $\frac{50x}{2x-3}$ f) $\frac{x}{4x+8}$

2

Faktorisiere den Nenner, bevor du die Definitionsmenge bestimmst.

a) $\frac{7x}{2x^2-6x}$ b) $\frac{2-x}{x^2+x}$ c) $\frac{x+1}{5x^2+10x}$ d) $\frac{5}{(x^2+4x+4)}$ e) $\frac{7x-1}{x^2-16}$

2.4 Bruchgleichungen

Kommen Bruchterme in Gleichungen vor, so nennt man diese Bruchgleichungen.

So kannst du Bruchgleichungen lösen

Wie bei den Bruchtermen, musst du zuerst die Definitionsmenge bestimmen, bevor du die Gleichung lösen kannst.

$\frac{21}{x-3} = 3$	$D = \mathbb{Q} \setminus \{3\}$, weil $3 - 3 = 0$
	Die Gleichung mit dem Nenner $(x-3)$
$\frac{21}{\cancel{(x-3)}} \cdot \cancel{(x-3)} = 3 \cdot (x-3)$	multiplizieren und kürzen
$21 = 3 \cdot (x-3)$	Klammer ausmultiplizieren
$21 = 3x - 9$	Termumformung $\mid +9$
$21 + 9 = 3x$	Zusammenfassen
$x = \frac{30}{3} = 10$	Gleichung durch 3 dividieren
	Lösung kürzen
$L = \{10\}$	Lösung aufschreiben

Beim Lösen von Bruchgleichungen kannst du so vorgehen:

1. Bestimme die Definitionsmenge.
2. Bestimme den Hauptnenner (wenn es mehrere Nenner gibt).
3. Multipliziere die Gleichung mit dem Hauptnenner.
4. Vereinfache die Gleichung durch Termumformungen so, dass du den Wert für x bestimmen kannst.
5. Vergleiche die Lösung mit der Definitionsmenge.
6. Schreib die Lösungsmenge auf.

Sollte die Zahl, die du für x errechnet hast, nicht zur Definitionsmenge zählen, so ist sie keine Lösung. Dann schreibst du: $L = \{\}$.

1

Bestimme die Definitionsmenge und die Lösungsmenge.

a) $\frac{20-6x}{x-7} - 9 = -4$ b) $\frac{9x-12}{x-3} + 1 = 3$ c) $\frac{x}{48x} - \frac{1}{36x} = \frac{7}{18x}$

d) $\frac{1}{9} + \frac{17}{24x} = \frac{13}{18x}$ e) $\frac{11}{x^2-25} + \frac{3}{4x-20} = \frac{5}{3x-15}$

f) $\frac{5x-1}{3 \cdot (x+1)} - \frac{3x-2}{6x-6} = \frac{7x^2-70x+175}{6x^2-6}$ g) $\frac{32}{x^2-9} - \frac{9}{4x-12} = \frac{5}{6x+18}$

h) $\frac{5x-3}{12x-18} - \frac{2x^2+10x}{12x^2-27} = \frac{3x+1}{6x+9} - \frac{x^2+5}{4x^2-9}$

2.5 Rechnen mit Formeln

Formeln hast du bereits benutzt, um z. B. das Volumen von Quadern, die Umfänge von Flächen oder Prozentwerte zu berechnen. Bei vielen Aufgaben ist es sinnvoll, Formeln umzustellen.

So kannst du Formeln umstellen

Für die Umstellung von Formeln benutzt du die gleichen Äquivalenzumformungen wie bei Termen und Gleichungen.

Beispiel: Die Fläche eines Rechtecks mit der Länge a = 7 cm beträgt 56 cm². Wie breit ist das Rechteck?
Du stellst die Formel $A = a \cdot b$ so um, dass die gesuchte Breite b allein steht. Anschließend setzt du zur Berechnung die gegebenen Werte ein.
Du dividierst die Formel durch a: $\frac{A}{a} = \frac{a \cdot b}{a}$ und erhältst $\frac{A}{a} = b$.
Du kannst noch die Seiten der Formel vertauschen und hast die Formel „nach b aufgelöst". $b = \frac{A}{a}$

1

Stelle die Prozentwertformel $W = \frac{p}{100} \cdot G$ nach p um und berechne, wie viel Prozent 210 von 360 sind.

2

Wie hoch kann ein Quader sein, der einen Rauminhalt von 90 cm³ hat und dessen Grundfläche ein Quadrat mit Seitenlänge 3 cm ist?

3

Welches Kapital musst du auf dem Konto haben, wenn du bei 3 % Zinsen nach einem Jahr eine Zinsgutschrift von 76 € erhältst?

4

Ergänze. Stelle zuerst die Formel $A = a \cdot b$ um.

A	75	64	81	120	144	225	324
a		16		8		15	
b	15		27		18		9

2.6 Sachaufgaben mit linearen Gleichungen

So kannst du Probleme und Textaufgaben mithilfe von linearen Gleichungen lösen

Beispiel: Whitney und Madonna geben ihre Geburtsdaten nicht preis. In einem Gespräch im Jahr 2006 hat Madonna einmal lachend erzählt, dass sie vor 38 Jahren doppelt so alt war wie Whitney und zusammen seien sie damals 15 Jahre alt gewesen.
Wenn du anfängst herumzuprobieren, brauchst du viel zu lange. Lege dir eine Strategie zurecht.

Zunächst setzt du x für das Alter von Whitney, weil sich Madonnas Alter auf ihres bezieht: „doppelt so alt wie".
Gesucht: Alter von Whitney 1968: **x**
Dann listest du auf, welche Angaben sich noch im Text verstecken:
„Madonna war vor 38 Jahren doppelt so alt": **2x**
und „zusammen waren sie damals **15** Jahre alt"
Damit stellst du diese Gleichung auf $x + 2x = 15$
und löst sie nach x auf: $3x = 15$

$x = 5$

Whitney war damals 5 und Madonna war $2 \cdot x = 2 \cdot 5 = 10$ Jahre alt.
Seitdem sind 38 Jahre vergangen, also ist Whitney heute
$38 + 5 =$ **43** und Madonna ist $38 + 10 =$ **48** Jahre alt.
Vergiss zum Schluss nicht, einen **Antwortsatz** zu schreiben.
Whitney ist heute 43 Jahre alt und Madonna 48.

1

Malte hat eine Schwester. Er ist mächtig stolz darauf, dass er fünfmal so alt ist wie sie, aber in 21 Jahren ist er nur noch eineinhalbmal so alt. Kannst du das heutige Alter der Geschwister berechnen?

2

Der Umfang eines Fünfecks beträgt 27 cm. Vier Seiten sind gleichlang, die fünfte Seite ist halb so lang. Wie lang sind die Seiten?

3

Zwei Winkel eines Dreiecks sind gleich. Der dritte Winkel ist um 45° kleiner als die beiden Basiswinkel. Wie groß sind alle drei Winkel?

1

Löse die Gleichungen.

a) $3(x - 14) - 5(x - 42) = 2(2x - 12)$

b) $x - [8 - 9(x - 15)] = 3(x - 1)$

Punkte: max. 4

c) $\frac{1}{2}(x - 1) - \frac{1}{3} = \frac{1}{7}(x + 5)$

2

Vereinfache die Bruchterme. Wie heißt die Definitionsmenge?

Punkte: max. 3

a) $\frac{5x}{3x + 6}$ b) $\frac{25x^2 - 4}{25x^2 - 20x + 4}$

3

Gib die Definitionsmenge und die Lösungsmenge der Bruchgleichungen an.

Punkte: max. 4

a) $\frac{28}{x - 2} = 4$ b) $\frac{2x + 5}{5x - 2} + 1 = 3$ c) $\frac{3(2x^2 - 6)}{3 - 2x} + 3x = 3$

4

a) Löse die Formel nach b auf: $U = 2(a + b)$.
Wie groß ist b, wenn U = 17 cm und a = 5,5 cm sind?

b) Löse die Formel nach x auf: $3y = \frac{1}{4}x - 6$.
Wie groß ist x, wenn y = 2 cm ist?

c) Löse die Formel nach a auf: $V = \frac{1}{3}a \cdot b \cdot h$.
Wie groß ist a, wenn $V = 42\,cm^3$; b = 3,5 cm und h = 4 cm sind?

Punkte: max. 6

5

Löse die Sachaufgaben mithilfe einer linearen Gleichung.

a) Wenn du vom neunfachen einer Zahl 35 subtrahierst, so erhältst du das Vierfache derselben Zahl.

b) Herder war 1790 fünf Jahre älter und Schiller 10 Jahre jünger als Goethe. Sie waren zusammen 118 Jahre alt. Wie alt war jeder im Jahr 1790?

Punkte: max. 3

Gesamtpunkte: max. 20

Aufgaben Nummer	erreichte Punktzahl von (...)	Lernerfolg	Lerneinheit abhaken ✓
1	_____ (1) _____ (1) _____ (2)	Wenn du die volle Punktzahl hast, dann kannst du auch anspruchsvolle Gleichungen lösen. Du darfst den Lernabschnitt abhaken.	2.2
2	_____ (1) _____ (2)	Wenn du in Aufgabe 2 die volle Punktzahl hast, kannst du Bruchtermen vereinfachen und die Definitionsmenge bestimmen und darfst den Lernabschnitt abhaken.	2.3
3	_____ (1) _____ (1) _____ (2)	Wenn du für Aufgabe 3 vier Punkte erhalten hast, kannst du den Lernabschnitt Bruchgleichungen abhaken.	2.4
4	_____ (6)	Das Kapitel Rechnen mit Formeln bekommt 6 Punkte. Wenn du hier alle Punkte erhalten hast, kannst du dir gratulieren und den Lernabschnitt abhaken.	2.5
5	_____ (1) _____ (2)	Den Lernabschnitt „Sachaufgaben" kannst du abhaken, wenn du hier drei Punkte erhalten hast.	2.6

15 – 20 Punkte	8 – 14 Punkte	0 – 7 Punkte
Prima, du hast diesen Lernabschnitt gut verstanden! Nun kannst du beim nächsten Lernabschnitt weiter machen.	Du hast viel gelernt, aber es könnte auch besser sein. Wiederhole die Lernabschnitte noch einmal, die in deiner Checkliste nicht abgehakt sind.	Es gibt bei dir noch viele Unsicherheiten. Du musst noch mehr üben! Wiederhole die Lernabschnitte noch einmal, die in deiner Checkliste nicht abgehakt sind.

3 Umfang und Fläche

In diesem Kapitel übst du, wie man den Umfang und den Flächeninhalt geometrischer Figuren berechnet.

3.1 Quadrat und Rechteck

So berechnest du die Flächeninhalte und Umfänge von Rechtecken und Quadraten

Für den **Flächeninhalt** eines **Rechtecks** gilt: $A = a \cdot b$
Für den **Umfang** gilt: $U = 2a + 2b = 2(a + b)$

Für den **Flächeninhalt** eines **Quadrats** gilt: $A = a^2$
Für den **Umfang** gilt: $U = 4a$

Beispiel: Wie groß sind Fläche und Umfang der blauen Fläche?

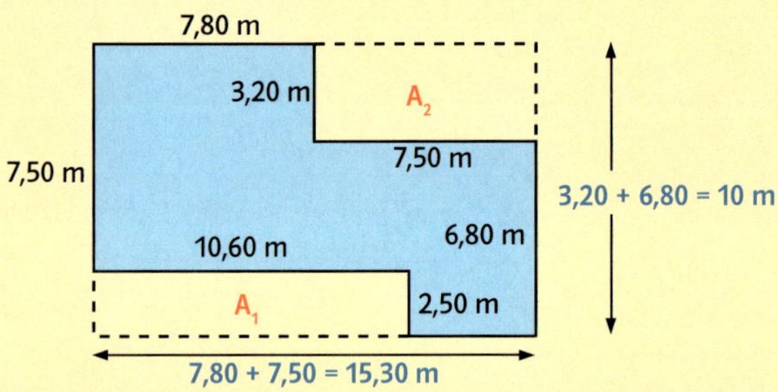

2. Möglichkeit der Zerlegung

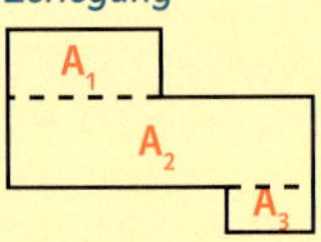

3. Möglichkeit der Zerlegung

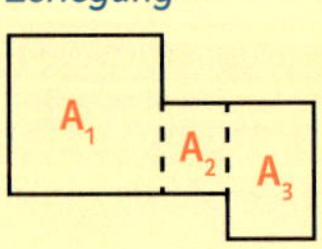

1. Möglichkeit: Berechne die Fläche des Rechtecks mit der Länge 15,30 m und der Breite 10,00 m und subtrahiere die Flächen der Rechtecke A_1 und A_2:
$15{,}30 \cdot 10 = 153\,m^2$,
$A_1 = 3{,}20 \cdot 7{,}50 = 24{,}00\,m^2$ und $A_2 = 2{,}50 \cdot 10{,}60 = 26{,}50\,m^2$
Die blaue Fläche ist $A = 153 - 24 - 26{,}50 =$ **$102{,}50\,m^2$**.

Für die Berechnung des Umfangs kannst du es dir leichter machen. Da es sich um Rechtecke handelt, kannst du einfach zweimal die Gesamtlänge und zweimal die Gesamtbreite als Umfang nehmen:
$U = 2 \cdot (15{,}30 + 10) =$ **$50{,}60\,m$**

1

Wie viele Quadratmeter Rasen benötigt man für ein Fußballfeld von 110 m Länge und 85 m Breite? Wie lang ist die Außenlinie?

2

Wie groß ist die Wasseroberfläche des Schwimmbeckens?

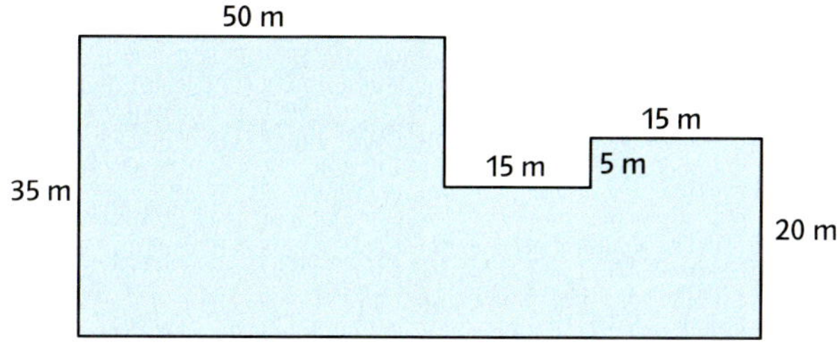

3

a) Berechne den Flächeninhalt der einzelnen Räume.

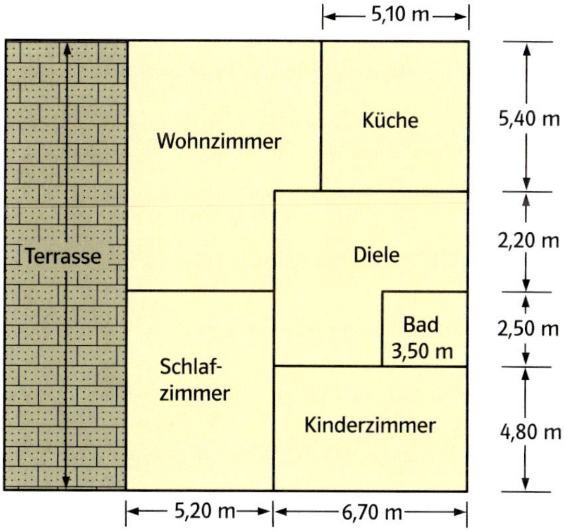

b) Wie groß ist die gesamte Wohnfläche (ohne Diele, Bad und Küche)?

c) Wie viele Meter Sockelleisten muss man im Wohnzimmer anbringen?

d) Wie viel kosten die Bodenfließen im Bad, wenn $1\,m^2$ 75 € kostet?

e) Reicht die Farbe im Eimer, um das Kinderzimmer zu streichen, wenn die Wände 2,40 m hoch sind?

3.2 Parallelogramm und Raute

So berechnest du die Flächeninhalte von Parallelogrammen und Rauten

Aus einem Parallelogramm kannst du leicht ein flächengleiches Rechteck machen, indem du das Dreieck links abschneidest und rechts ansetzt. Den Flächeninhalt berechnest du mit der Formel A = a h.

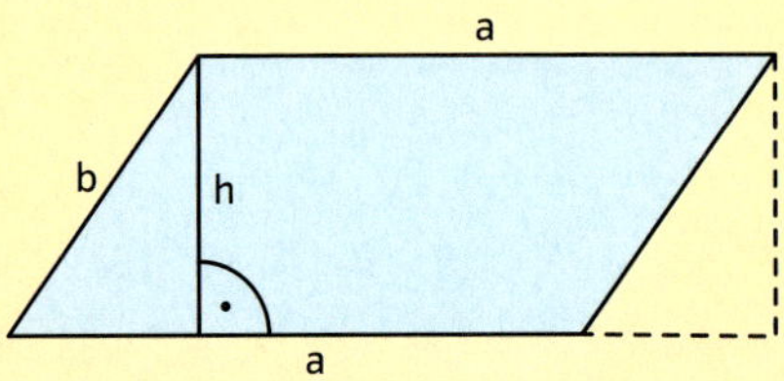

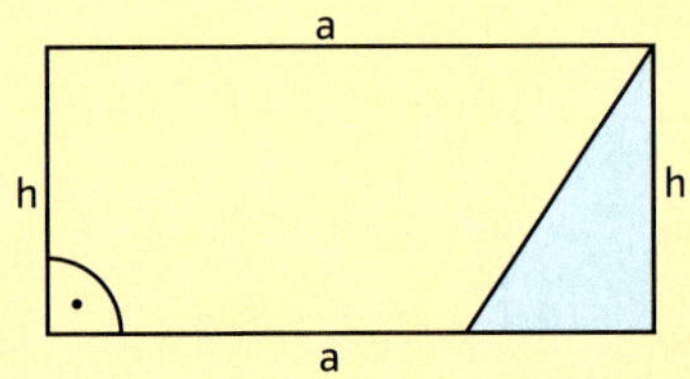

Auch die **Raute** kannst du mit dieser Formel berechnen, denn sie ist ein Parallelogramm mit der besonderen Eigenschaft, dass alle vier Seiten gleich sind.

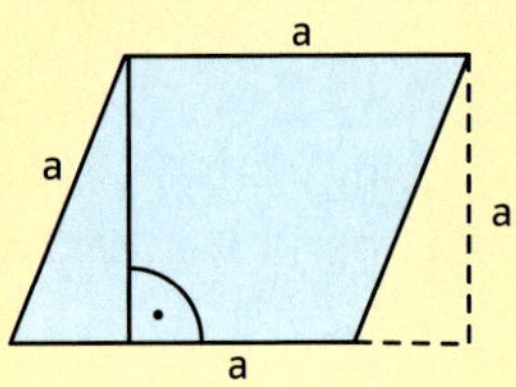

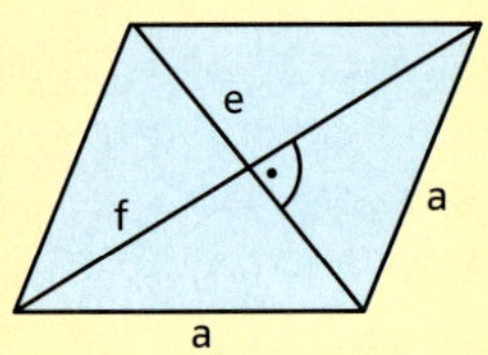

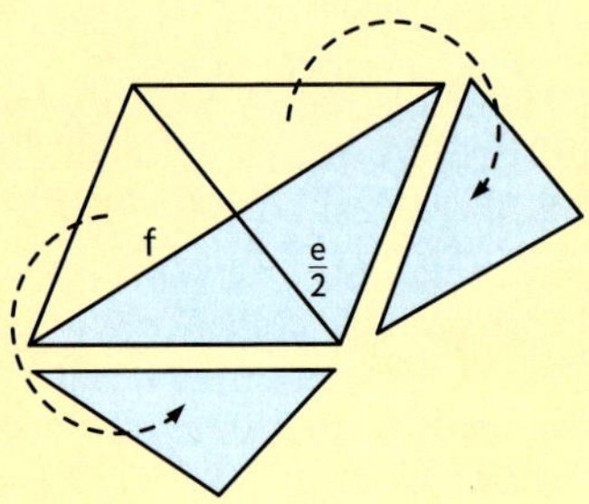

Du kannst die Raute auch anders zerlegen, nämlich in vier Dreiecke entlang den Diagonalen e und f. Diese halbieren sich gegenseitig und stehen senkrecht aufeinander.
So kannst du die Raute in ein flächengleiches Rechteck umwandeln, mit den Seitenlängen f und $\frac{e}{2}$.

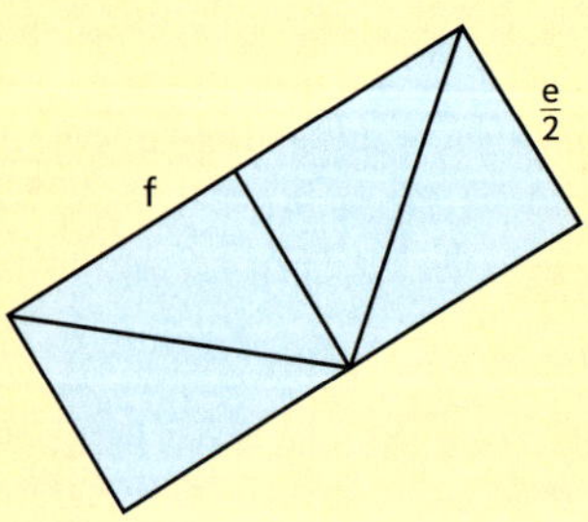

Den Flächeninhalt berechnest du dann mit der Formel:

$A = \frac{e \cdot f}{2}$

1

a) Berechne den Flächeninhalt eines Parallelogramms mit der Seitenlänge a = 14,1 cm und der Höhe h = 6,7 cm.
b) Bleibt der Flächeninhalt gleich, wenn du die Seitenlänge um 2 cm verkürzt und die Höhe um 2 cm verlängerst?
c) Wie müsste man die Höhe des Parallelogramms in Aufgabe 1 b) verändern, damit der Flächeninhalt 100 cm^2 beträgt?

2

a) Ein Quadrat mit Seitenlänge a = 4,6 cm wird so zur Seite gedrückt, dass es nur noch halb so hoch ist. Wie groß ist sein Flächeninhalt?

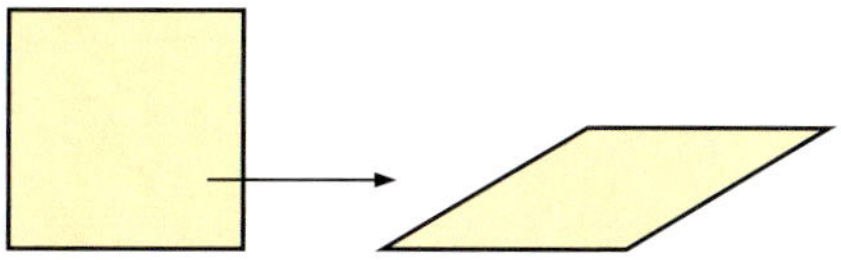

b) In welchem Verhältnis steht der Flächeninhalt des Quadrats zu dem der in 2a) entstandenen Raute?

3

Florian berichtet von einer Expedition in die Geierhöhle:
„Zuerst konnten wir aufrecht etwa 30 m in die Höhle hineingehen. Die Decke war etwa 2 m hoch. Doch dann neigte sich der Boden. Wir mussten uns bücken, denn der Gang verengte sich auf 1,50 m Höhe. Nach 50 m öffnete sich die Höhle wieder auf 2 m Höhe. Nach 20 m mussten die Größeren von uns den Kopf einziehen, denn die Decke war jetzt nur noch 1,70 m hoch und der Boden ging 70 m steil nach oben, bis wir plötzlich in einer großen Halle mit Tropfsteinen und einem See standen…"

Berechne die Schnittfläche dieses Höhlensystems bis zur Tropfsteinhöhle. Zerlege in Rechtecke und Parallelogramme.

3.3 Dreiecke

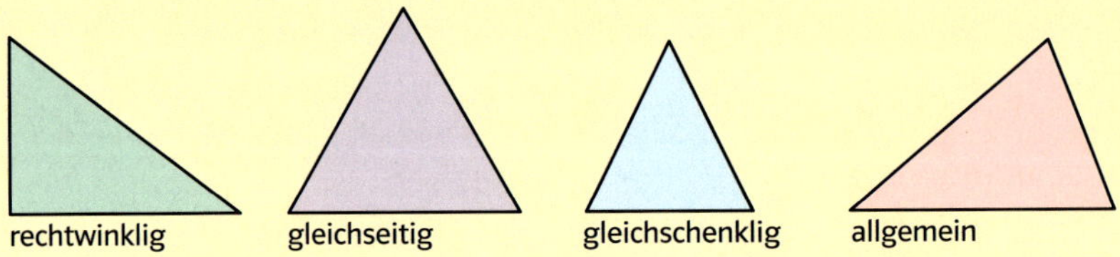

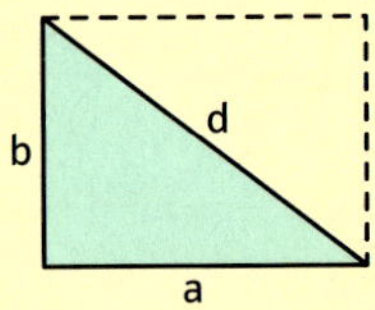

Das **rechtwinklige Dreieck** kannst du als Hälfte eines Rechtecks ansehen.
Seinen Flächeninhalt berechnest du aus
$A = \frac{\text{Länge} \cdot \text{Breite}}{2} = \frac{a \cdot b}{2}$.

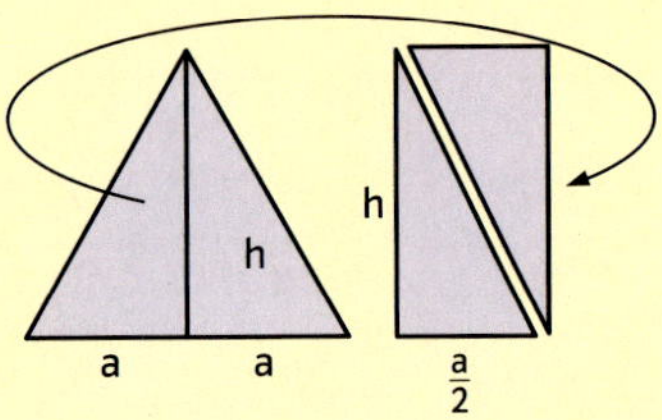

Das **gleichseitige Dreieck** halbierst du und setzt es anders zusammen.
Seinen Flächeninhalt berechnest du aus
$A = \frac{1}{2}$ Grundseite $\cdot$ Höhe $= \frac{a \cdot h}{2}$.

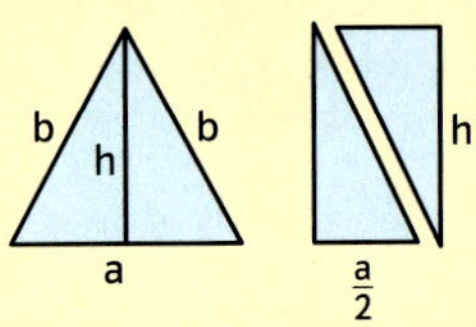

Beim **gleichschenkligen Dreieck** verfährst du wie mit dem gleichseitigen Dreieck
$A = \frac{1}{2}$ Grundseite $\cdot$ Höhe $= \frac{a \cdot h}{2}$.

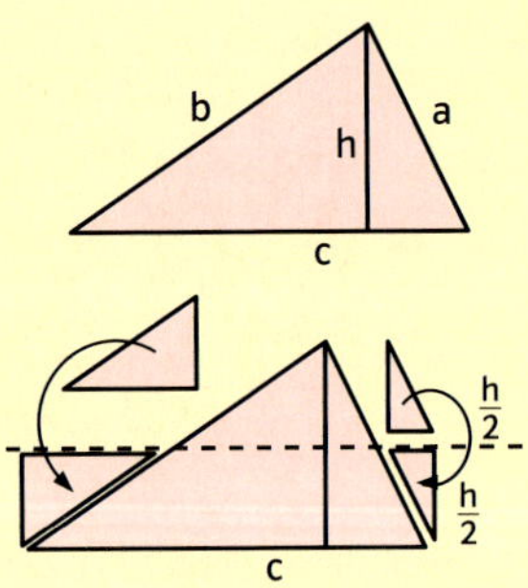

Auch beim **allgemeinen Dreieck gilt**
$A =$ Grundseite $\cdot \frac{1}{2}$ Höhe $= \frac{c \cdot h}{2}$.

Für den Umfang bei Dreiecken gilt immer U = Summe der Seiten.
$U = a + b + c$

1

Zu welchen Dreiecken gehören folgende Umfangformeln:

a) $U = 3a$, b) $U = 2b + c$, c) $U = a + b + c$?

2

Zeige, dass auch bei stumpfwinkligen Dreiecken die Formel

$A = \textit{Grundseite} \cdot \frac{1}{2}\textit{Höhe} = \frac{c \cdot h}{2}$ gilt.

3

Zeichne folgende Dreiecke ins Heft und bestimme mit den Messwerten Umfang und Flächeninhalt.

a) $a = 4\,cm$; $b = 3\,cm$; $c = 5\,cm$ b) $b = 7\,cm$; $\alpha = 45°$; $\beta = 75°$

c) $a = 5{,}5\,cm$; $c = 7{,}5\,cm$; $\gamma = 80°$

4

Berechne die fehlende Seite

a) des rechtwinkligen Dreiecks mit dem Flächeninhalt $A = 33{,}75\,cm^2$ und der Seite $a = 7{,}5\,cm$,

b) des gleichseitigen Dreiecks mit dem Flächeninhalt $A = 43\,cm^2$ und der Höhe $h = 8{,}6\,cm$,

c) des gleichschenkligen Dreiecks mit dem Umfang $U = 14{,}1\,cm$ und der Grundseite $c = 6{,}5\,cm$,

d) eines gleichseitigen Dreiecks mit dem Umfang $U = 22{,}2\,cm$.

5

Welche Seitenlänge a hat die rote Fläche ungefähr?

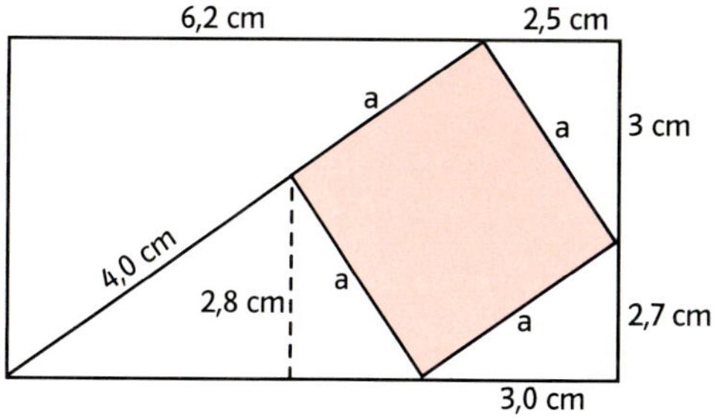

3.4 Trapez

So berechnest du den Flächeninhalt von Trapezen

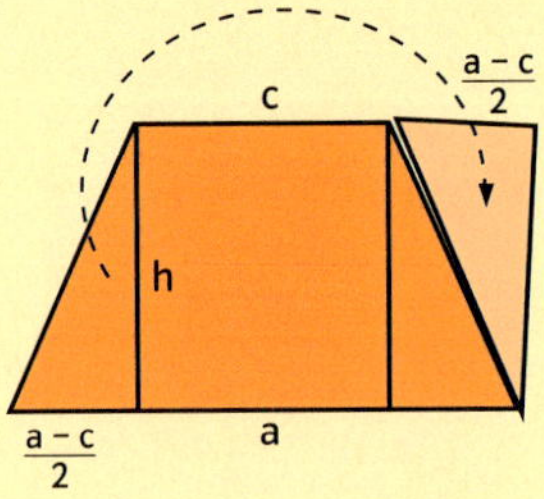

Bei einem **gleichschenkligen Trapez** kannst du den Flächeninhalt berechnen, wenn du ein Dreieck abschneidest und an der anderen Seite wieder ansetzt. Dann erhältst du ein Rechteck mit den Seiten h und

$c + \frac{a-c}{2} = \frac{2c}{2} + \frac{a-c}{2} = \frac{2c+a-c}{2} = \frac{a+c}{2}$.

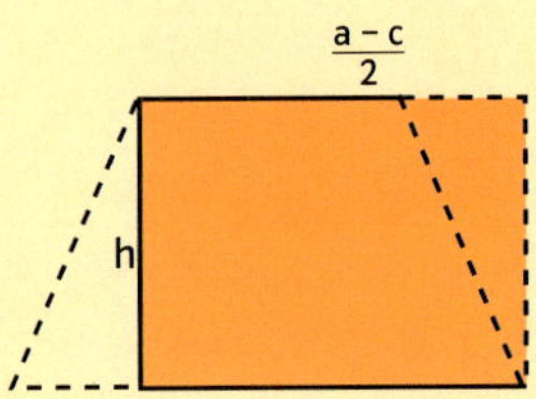

Den Flächeninhalt berechnest du dann aus A = Länge · Breite.

$$A = \frac{a+c}{2} \cdot h$$

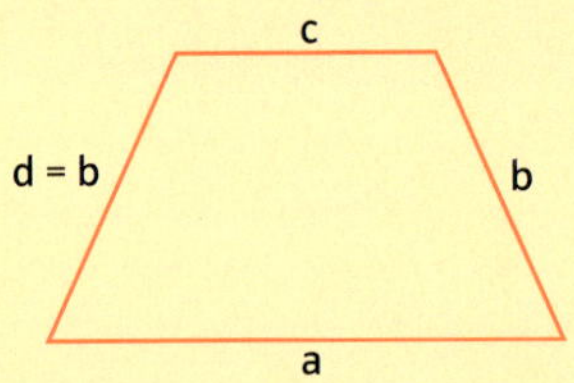

Für den Umfang rechnest du die Summe aller Seiten:
U = a + 2b + c, weil b = d.

Auch der Flächeninhalt des **allgemeinen Trapezes** wird genauso berechnet wie der des gleichschenkligen Trapezes, nämlich mit der Formel $A = \frac{a+c}{2} \cdot h$.

1

Berechne den Flächeninhalt der folgenden Trapeze.

a) 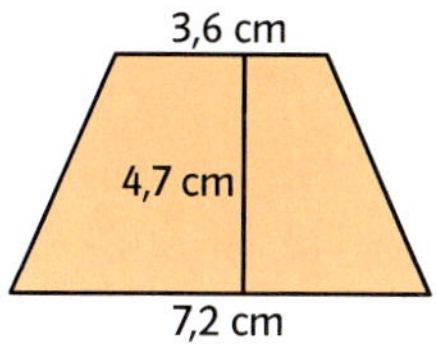

b) 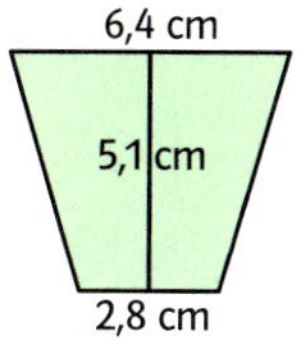

c) 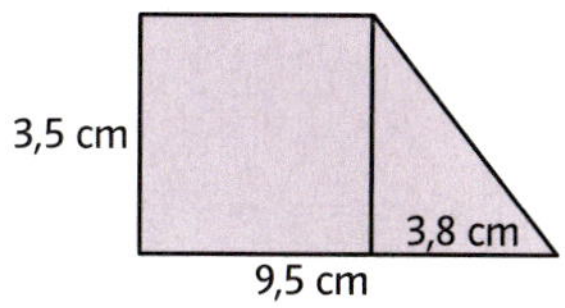

2

Von einem allgemeinen Trapez sind die Grundseite a = 12,6 cm und die Deckkante c = 8,7 cm gegeben. Wie hoch muss das Trapez sein, wenn der Flächeninhalt A = 76,68 cm^2 messen soll?

3

Von einem gleichschenkligen Trapez mit dem Flächeninhalt A = 205 cm^2 sind außerdem noch die Grundkante a = 23,7 cm und die Höhe h = 10,2 cm bekannt. Wie lang ist die Deckkante c?

4

Zeichne die folgenden vier Trapeze und lies die Werte ab, die du zur Berechnung des jeweiligen Flächeninhalts benötigst.

a) a = 6,2 cm; h = 2,7 cm; α = 50°; β = 60°
b) b = 3,7 cm; c = 4,5 cm; $\alpha = \beta$ = 72°
c) h = 4,1 cm; c = 3,8 cm; α = 90°; β = 55°
d) a = 7,4 cm; c = 4,8 cm; $\alpha = \beta$ = 68°

5

Berechne die Fläche der Giebelseite des Hausdaches.

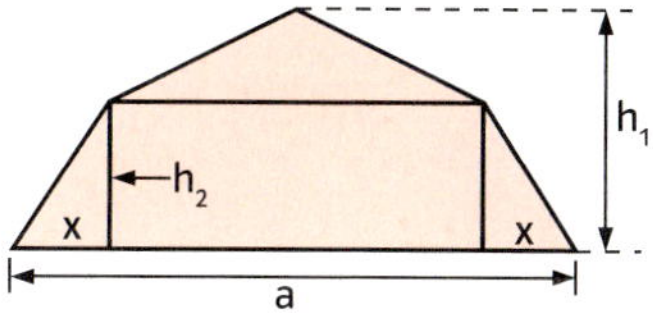

a = 15,50 m
x = 3,20 m
h_1 = 3,80 m
h_2 = 2,60 m

3.5 Vielecke

Häufig musst du Flächen berechnen, die aus mehreren Einzelflächen bestehen.

Du kannst die Flächen aller Vielecke berechnen, indem du sie in die Grundformen von Dreiecken oder Rechtecken zerlegst

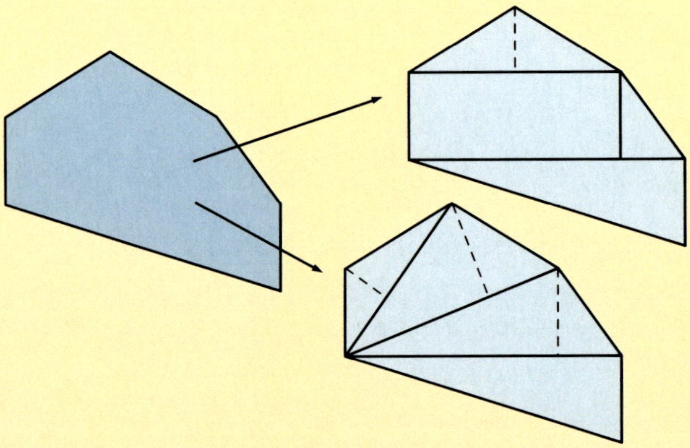

Bei **regelmäßigen Vielecken** ist es vorteilhaft, sie in gleichseitige oder gleichschenklige Dreiecke aufzuteilen, die auf Grund der Regelmäßigkeit dann auch alle deckungsgleich sind.

Ein regelmäßiges Sechseck zerlegst du in sechs gleichseitige Dreiecke mit dem Mittelpunktswinkel α.

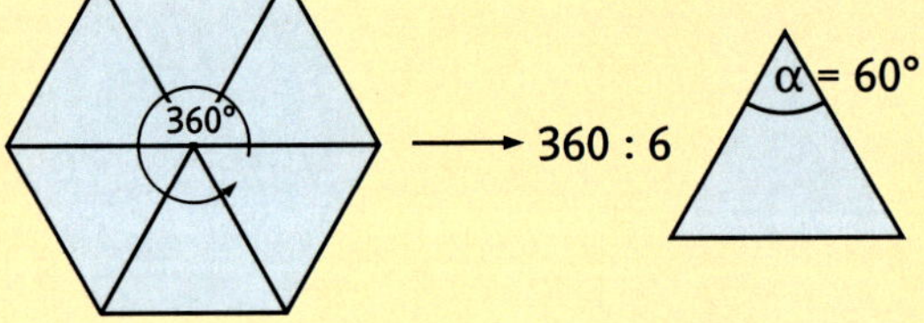

Ein regelmäßiges Fünfeck zerlegst du in fünf gleichschenklige Dreiecke mit dem Mittelpunktswinkel α.

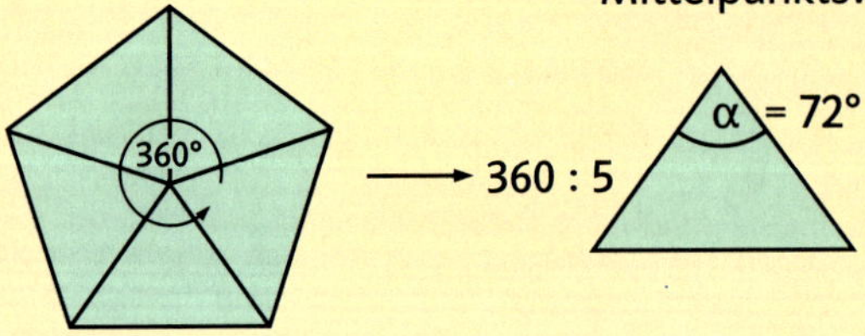

1
Wie groß sind die Mittelpunktswinkel der Teildreiecke eines regelmäßigen a) Achtecks, b) Neunecks, c) Zwölfecks?

2
a) Berechne den Flächeninhalt der Terrasse.

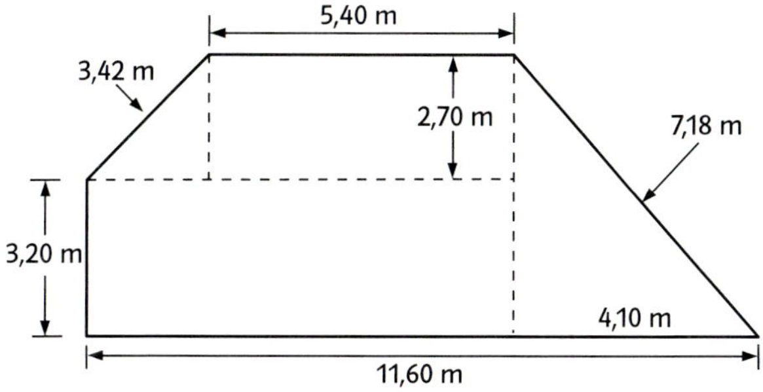

b) Wie viele Bodenplatten brauchst du mindestens, wenn eine Platte 50 × 50 cm misst?

c) Wie viel Meter Randsteine benötigst du als Einfassung der Terrasse?

3
Berechne den Flächeninhalt eines Sechsecks mit der Kantenlänge a = 7,5 cm und der Dreieckshöhe h = 6,5 cm.

4
Berechne den Flächeninhalt eines Achtecks mit der Kantenlänge a = 3,7 cm und einem Abstand x zur jeweils gegenüberliegenden Seite von 9 cm.

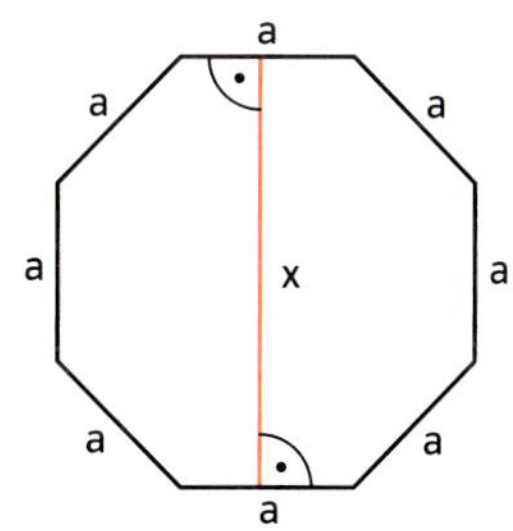

5
Um wie viel unterscheiden sich der Flächeninhalt eines Zwölfecks vom Flächeninhalt eines Sechsecks mit demselben Umkreisradius von 5 cm ? Zeichne und lies die nötigen Werte ab.

1

Berechne Fläche und Umfang des Grundstückes.

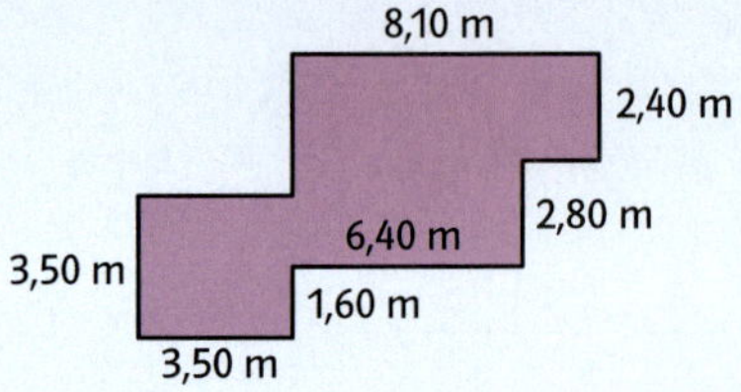

Punkte: max. 5

2

Wie groß ist die Seitenlänge x der Raute, wenn man ein gleich hohes Parallelogramm so kürzt, dass der Flächeninhalt der Raute zwei Drittel des Flächeninhalts des Parallelogramms beträgt?

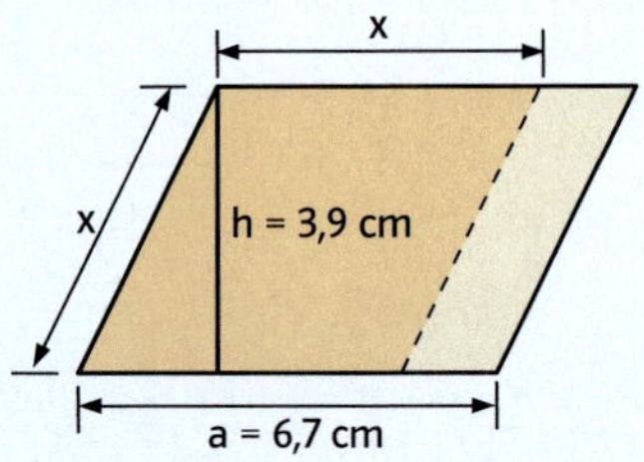

Punkte: max. 4

3

Berechne den Flächeninhalt und den Umfang des Vierecks, das aus einem rechtwinkligen Dreieck und einem gleichseitigen Dreieck besteht.

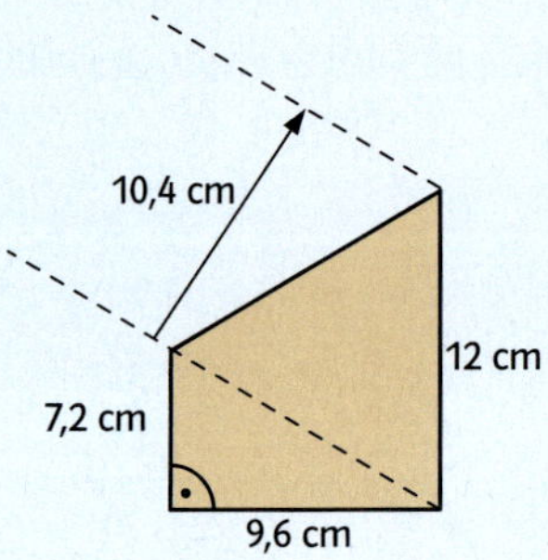

Punkte: max. 4

4

Berechne den Flächeninhalt des Fünfecks, das aus einem gleichschenkligen Trapez und einem Dreieck besteht.

$h_1 = 2{,}5\,cm$ und $h_2 = 2{,}8\,cm$

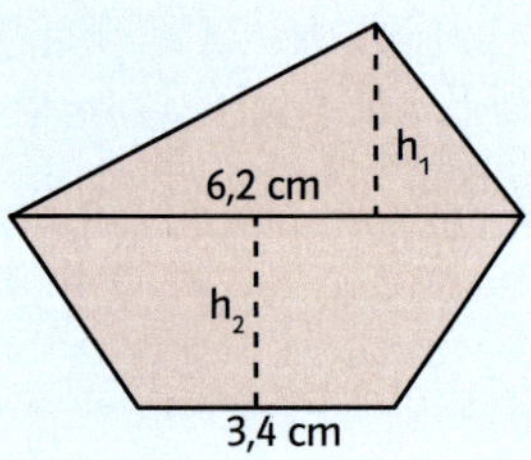

Punkte: max. 3

5

Überlege dir natürliche Zahlen als Maße eines regelmäßigen Fünfecks, das den Flächeninhalt $A = 100\,cm^2$ hat. Können aus all diesen Paaren regelmäßige Fünfecke gebildet werden?

Punkte: max. 4

Gesamtpunkte: max. 20

Aufgaben Nummer	erreichte Punktzahl von (...)	Lernerfolg	Lerneinheit abhaken ✓
1	_____ (5)	Wenn du die volle Punktzahl hast, dann kannst du rechteckige Flächen und deren Umfang berechnen und darfst den Lernabschnitt abhaken.	3.1
2	_____ (4)	Wenn du vier Punkte erreicht hast, dann kennst du dich mit Parallelogrammen und Rauten aus. Du darfst den Lernabschnitt abhaken.	3.2
3	_____ (4)	Wenn du hier vier Punkte erhalten hast, kannst du den Lernabschnitt Flächen und Umfang von Dreiecken abhaken.	3.3
4	_____ (3)	Hast du in dieser Aufgabe das Trapez erkannt und die zusammengesetzte Fläche richtig berechnet, dann darfst du den Lernabschnitte abhaken.	3.4 3.5
5	_____ (4)	Bei dieser schwierigen Aufgabe musstest du einen Lösungsweg finden, der formales Denken voraussetzt.	3.5

15 – 20 Punkte	8 – 14 Punkte	0 – 7 Punkte
Prima, du hast diesen Lernabschnitt gut verstanden! Nun kannst du beim nächsten Lernabschnitt weiter machen.	Du hast viel gelernt, aber es könnte auch besser sein. Wiederhole die Lernabschnitte noch einmal, die in deiner Checkliste nicht abgehakt sind.	Es gibt bei dir noch viele Unsicherheiten. Du musst noch mehr üben! Wiederhole die Lernabschnitte noch einmal, die in deiner Checkliste nicht abgehakt sind.

4 Lineare Funktionen

4.1 Funktionen

Du siehst hier zwei Zuordnungen mit der Zuordnungsvorschrift „...wohnt in".

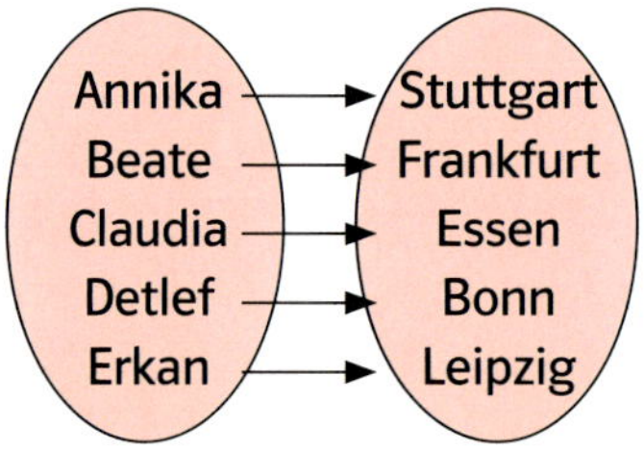

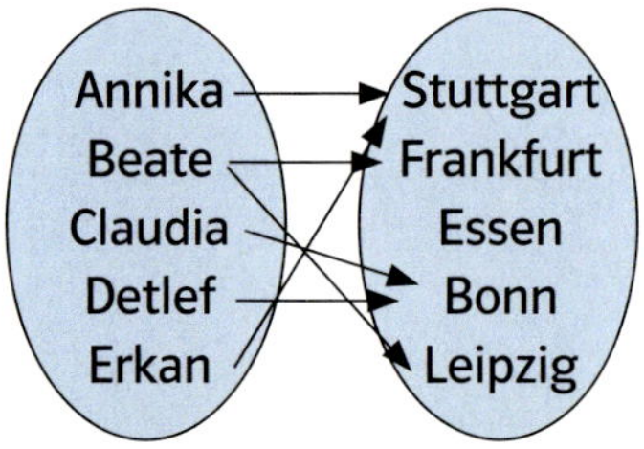

Bei der ersten Zuordnung wird jedem Namen genau ein Wohnort zugeordnet, bei der zweiten nicht.

Was ist eine Funktion?

Also handelt es sich nur beim linken Beispiel um eine Funktion.

Unter einer **Funktion** versteht man eine **eindeutige Zuordnung**, bei der zu **jeder Größe** aus dem ersten Bereich **genau eine Größe** aus dem zweiten Bereich gehört. Man kann sie in einem Schaubild darstellen.

Beispiel:

Die Zuordnungsvorschrift: „y ist doppelt so groß und um 1 größer als x" kann auch als Funktionsgleichung $y = 2x + 1$ geschrieben werden.

Zur Darstellung eines Schaubildes wählst du die **Eingabegröße x** (hier von −3 bis +3) und rechnest dazu die Ausgabegrößen y aus.

Für $x = -3$ ist $y = 2 \cdot (-3) + 1 = -5$ usw.

Die Zahlenpaare listest du in einer Wertetabelle auf und überträgst sie in ein Koordinatenssystem.

x	−3	−2	−1	0	1	2	3
y	−5	−3	−1	1	3	5	7

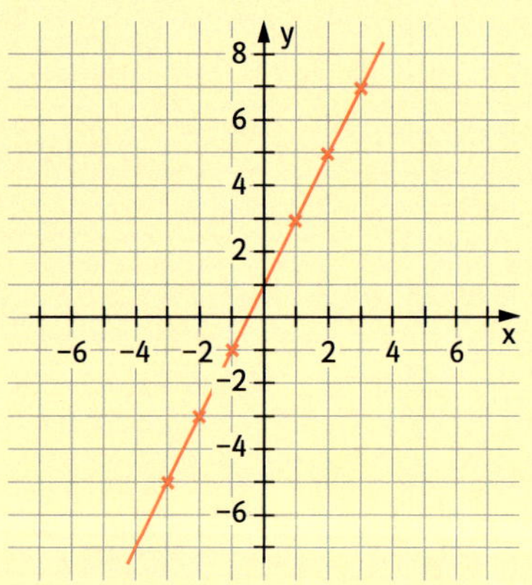

Die Verbindungslinie ergibt eine Gerade, deshalb werden Zuordnungen des Typs $y = mx + b$ auch **„Lineare Funktionen"** genannt.

1

a) Erstelle zu den folgenden Funktionen jeweils eine Wertetabelle. Wähle dazu für x die Werte von −4 bis +4.

1. $y = 2{,}5 \cdot x + 1$
2. $y = -x - 1{,}5$
3. $y = \frac{1}{4} \cdot x - 1{,}5$
4. $y = (x - 1)^2$
5. $y = 5 - x^2$

b) Zeichne ein großes Koordinatenkreuz.
(−4 bis +4 auf der x-Achse und −14 bis +11 auf der y-Achse)
Übertrage die Werte aus den Tabellen von a).
Nimm dazu fünf verschiedene Farbstifte.

c) Verbinde die Werte zu Schaubildern. Beschreibe die Schaubilder.

2

Ergänze die unvollständigen Koordinaten der Punkte, die alle auf dem Schaubild der Funktion $y = \frac{1}{2} \cdot x - 1$ liegen.

$P_1(2\,|\;\;)$ $P_2(\;\;|\,5)$ $P_3(14\,|\;\;)$ $P_4(\;\;|\,27)$ $P_5\left(\frac{1}{2}\,\middle|\;\;\right)$

3

Überprüfe rechnerisch, ob die Punkte zum Schaubild der Funktion gehören.

a) $P(3\,|\,3)$ auf $y = 2 \cdot x - 3$
b) $Q(3\,|\,3)$ auf $y = \frac{1}{3}x + 4$
c) $R(3\,|\,3)$ auf $y = x^2 - 2$
d) $S(8\,|\,25)$ auf $y = 4 \cdot x - 7$

4

Welches Schaubild gehört zu welcher Funktion?

a) $y = x - 5$
b) $y = 3 \cdot x + 1$
c) $y = \frac{1}{2} \cdot x$
d) $y = -\frac{1}{3} \cdot x + 3$

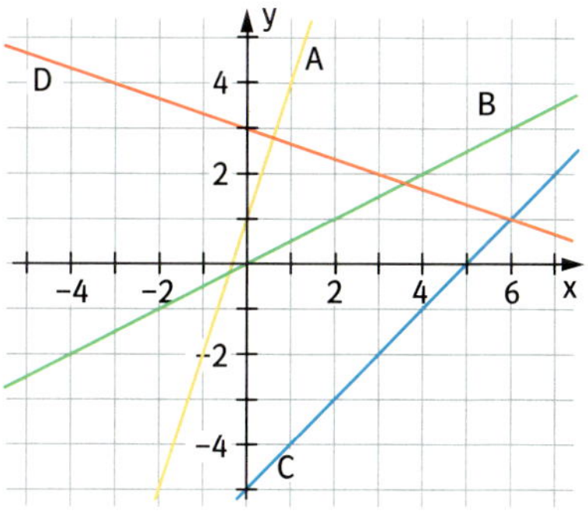

4.2 Proportionale Funktionen

Was ist eine proportionale Funktion?

„Kirschen kosten dieses Jahr doppelt so viel wie Äpfel."
Dies ist eine **proportionale Funktion** mit der Gleichung **$y = 2 \cdot x$**.
Für jeden Eingabewert erhältst du den doppelten Ausgabewert.

Äpfel	1,90 €	2,50 €	4,00 €	5,70 €	...	0 €
Kirschen	3,80 €	5,00 €	8,00 €	11,40 €	...	$0 \cdot 2 = 0$ €

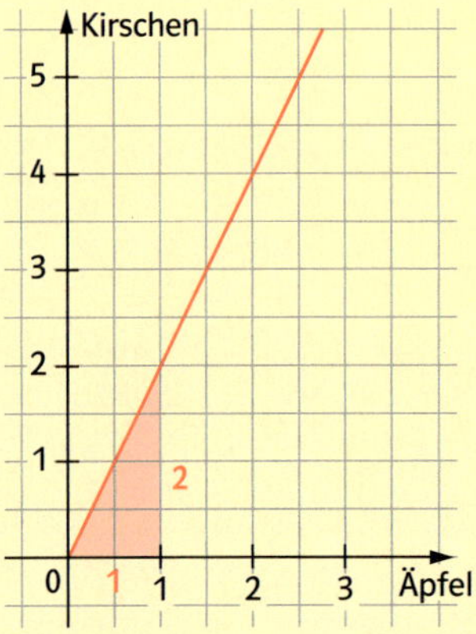

Wenn du das Schaubild zeichnest, erhältst du eine Gerade, die im Ursprung beginnt und eine Steigung hat, die in der Funktion als Faktor m vor x steht und das „Verhältnis" der Kosten von Kirschen zu den Kosten der Äpfel angibt, hier $m = 2$.

Die proportionale Funktion mit der Gleichung $y = m \cdot x$ verläuft durch den **Ursprung** des Koordinatensystems und besitzt die **Steigung m**.

So zeichnest du eine proportionale Funktion

Mithilfe der Steigung kannst du sofort das Schaubild zeichnen.
Du gehst folgendermaßen vor: Ist $m = 2 \left(\frac{3}{4}\right)$, dann zeichnest du vom Ursprung aus eine Strecke mit der Länge von einer Einheit (4) nach rechts und von dort eine Strecke von 2 Einheiten (3) Länge nach oben. Dort markierst du einen Punkt und verbindest ihn mit dem Ursprung. So entsteht das **„Steigungsdreieck"**. Verlängere über das Dreieck hinaus, so erhältst du das Schaubild, eine Halbgerade.

So zeichnest du eine lineare Funktion mit negativer Steigung

Eine Gerade kann sich auch abwärts neigen. Dies drückt sich in einem negativen Faktor vor x aus.
Ist $m = -\frac{2}{3}$, dann geht man 3 nach rechts und 2 nach unten.

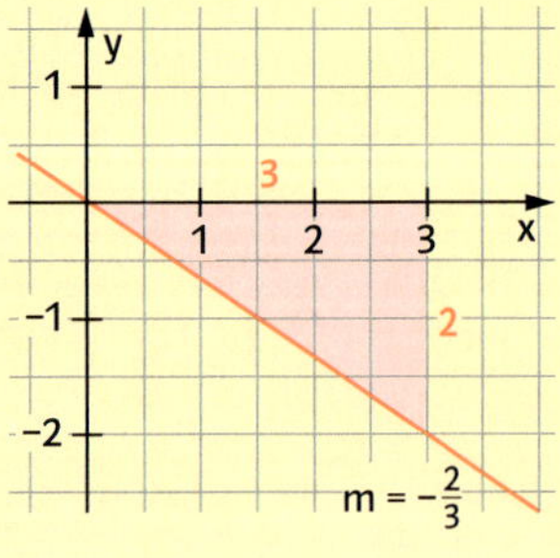

1

Beschreibe, wie du die folgenden Steigungen einzeichnen würdest.

a) $m = -1$ b) $m = \frac{4}{3}$ c) $m = \frac{2}{1}$ d) $m = 6$ e) $m = -\frac{2}{5}$

2

Finde heraus, zu welcher proportionalen Funktion die Punkte P(3 | 4), Q(−6 | −3), R(−3 | 4,5) und S(5 | 20) gehören.

a) $y = -\frac{3}{2}x$ b) $y = \frac{4}{3}x$ c) $y = 4x$ d) $y = \frac{1}{2}x$

e) Zu welcher proportionalen Funktion gehört der Punkt T(18 | 54)?

3

a) Ordne jeder Funktionsgleichung ein Schaubild zu.

$y = 4 \cdot x$ $y = \frac{4}{5} \cdot x$ $y = -\frac{1}{3} \cdot x$ $y = -\frac{5}{4} \cdot x$ $y = -\frac{1}{4} \cdot x$

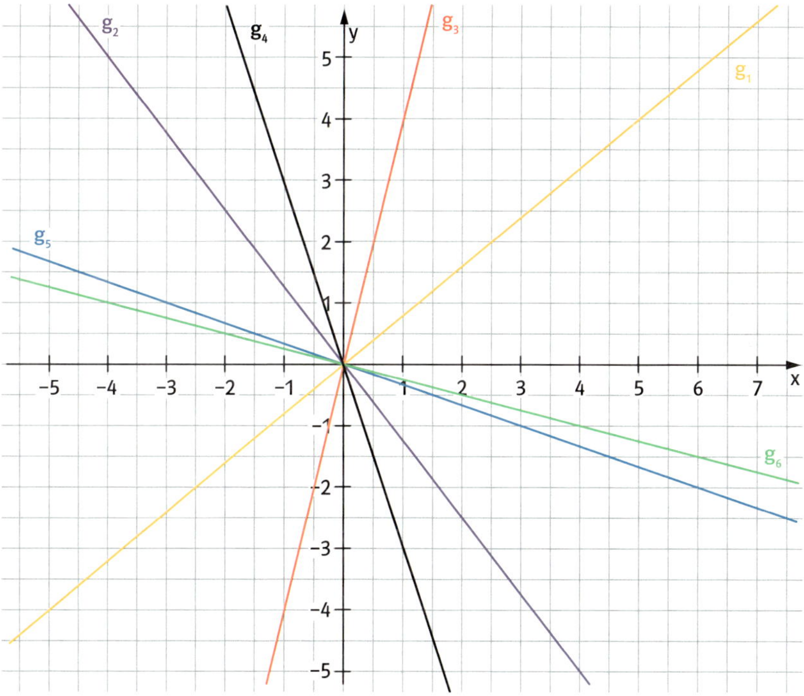

b) Wie heißt die Funktionsgleichung der noch nicht zugeordneten Geraden aus Aufgabe 3?

c) Findest du im obigen Koordinatensystem Geraden, die senkrecht aufeinander stehen? Was fällt dir an ihren Funktionsgleichungen auf?

d) Wie müsste die zu $y = -\frac{1}{3} \cdot x$ senkrechte Funktion heißen?

Tipp:
Schau dir mal die Steigungen an!

4.3 Lineare Funktionen

Was sind lineare Funktionen?

Lineare Funktionen unterscheiden sich von den proportionalen Funktionen dadurch, dass in der Funktionsgleichung **+ b** angefügt wird.
$y = m \cdot x + b$
m ist die Steigung des Schaubildes, **b** findest du als y-Achsenabschnitt, d.h. im Punkt B(0 | b) schneidet die Gerade die y-Achse.

Beispiel:

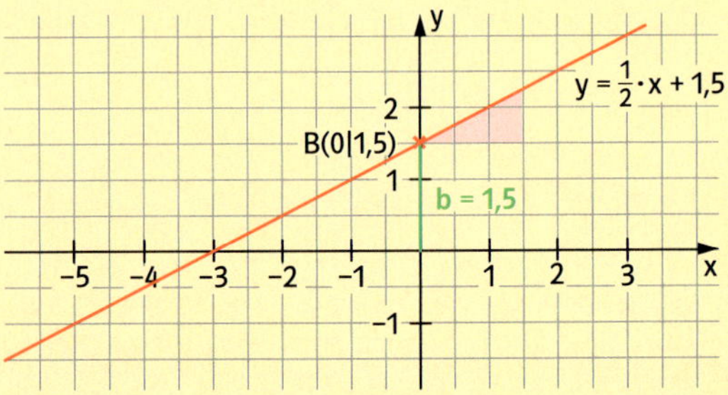

Wenn du eine lineare Funktion zeichnest, gehst du folgendermaßen vor:

1. Den y-Achsenschnittpunkt B(0 | b) einzeichnen.
2. Von dort aus das Steigungsdreieck ansetzen.
3. Die Gerade über das Steigungsdreieck hinaus verlängern. Sie sollte möglichst beide Achsen schneiden.

Ist der **y-Achsenabschnitt 0**, dann ergibt sich eine **proportionale Funktion**. Sie stellt also einen Sonderfall der linearen Funktionen dar.

1

Zeichne die Geraden zu folgenden Funktionsgleichungen.

a) $y = \frac{3}{2} \cdot x + 1$ b) $y = -3 \cdot x - 3$ c) $y = x + 4$
d) $y = -\frac{3}{5} \cdot x + 7$ e) $y = \frac{3}{4} \cdot x - 5$ f) $y = 2 \cdot x + 6$

2

Wie heißt die Funktionsgleichung einer linearen Funktion mit der Steigung $m = -\frac{1}{2}$ und dem Schnittpunkt mit der y-Achse bei A(0 | −3)?

3

Liegt der Punkt B(3 | 7) auf der Geraden mit der Gleichung $y = -\frac{7}{6} \cdot x - 3{,}5$?

Als **Nullstellen** bezeichnet man den Schnittpunkt einer Geraden mit der x-Achse. Der **y-Wert** einer Nullstelle ist immer **null**.

Beispiel: $y = 2 \cdot x + 1$

$$\mathbf{y = 0} \Rightarrow \quad 0 = 2 \cdot x + 1 \qquad | -1$$
$$-1 = 2 \cdot x \qquad | :2$$
$$x = -\frac{1}{2}$$

Die Nullstelle liegt bei $N\left(-\frac{1}{2} \middle| 0\right)$.

4

Berechne die Nullstellen der folgenden Geraden.

a) $y = 2 \cdot x + 5$
b) $y = -\frac{3}{4} \cdot x - 3$
c) $y = \frac{1}{3}x - 1$
d) $y = -\frac{3}{2} \cdot x + 3$
e) $y = \frac{10}{3} \cdot x - 5$
f) $y = -3 \cdot x + 5$

Wenn du aus **zwei Punkten** $P_1(x_1 | y_1)$; $P_2(x_2 | y_2)$ **einer Geraden** die Steigung bestimmen willst, dann rechnest du: $m = \frac{y_2 - y_1}{x_2 - x_1}$

Das Ergebnis versuchst du, so weit wie möglich zu kürzen.

5

Zeichne das Schaubild und bestimme die Funktionsgleichung

a) aus der Nullstelle $N(3 | 0)$ und dem y-Achsenschnittpunkt $B(0 | -1)$,
b) aus der Nullstelle $N(3 | 0)$ und dem y-Achsenschnittpunkt $B(0 | 4)$,
c) aus der Nullstelle $N(-5 | 0)$ und dem y-Achsenschnittpunkt $B(0 | 4)$.

6

Bestimme die Steigung der Geraden.

a) $P_1(2 | 5)$; $P_2(6 | 7)$
b) $Q_1(-5 | 3)$; $Q_2(-2 | 8)$
c) $R_1(-2 | -3)$; $R_2(3 | -2)$
d) $S_1(125 | 217)$; $S_2(173 | 249)$

Als **Punktprobe** bezeichnet man das Einsetzen der x-Koordinaten eines Punktes in eine Funktionsgleichung. Wenn das Ergebnis dann die y-Koordinate des Punktes ergibt, so liegt er auf der Gerade.

7

Welcher der Punkte liegt nicht auf der Geraden $y = -\frac{2}{3} \cdot x + 4$?

$A(3 | 2)$; $B(6 | 0)$; $C(-9 | -2)$; $D(-6 | 8)$; $E(-2,5 | 6)$; $F(-1,5 | 5)$

4.4 Modellieren mit Funktionen

Wenn du eine **Sachaufgabe**, also eine Aufgabenstellung aus dem Alltagsleben, in eine mathematische Aufgabe umwandelst, spricht man vom **Modellieren**.

Beispiel:
Herr Abstatt will sein Haus renovieren und neue Fliesen legen lassen. Er holt bei Fliesen und Sanitär Bedorf einen Kostenvoranschlag ein.

Stundenlohn Geselle	42 €
Stundenlohn Azubi	25 €
Materialkosten	5000 €
Fahrtkosten	270 €
Angebotssumme	10 965 €

Herr Abstatt stellt sich die Frage:
Wie viele Arbeitsstunden sind höchstens vorgesehen?
Er zieht zunächst von der Endsumme die Material- und Fahrtkosten ab:
Lohnkosten: 10 965 € − 5000 € − 270 € = 5695 €
beide Handwerker kosten zusammen 42 € + 25 € = 67 €
Dann dividiert er die Lohnkosten durch den Stundenlohn 5695 : 67 = 85 h

Wenn du Formeln zu einer Sachaufgabe aufstellst und löst, so nennt man dies ***„Modellieren“.***

Mathematiker lösen eine derartige Aufgabe natürlich in einem Rutsch, indem sie eine Formel aufstellen:

$$42 \cdot x + 25 \cdot x + 5000 + 270 = 10\,965$$
$$67 \cdot x + 5270 = 10\,965 \qquad | -5270$$
$$67 \cdot x = 5695 \qquad | :67$$
$$x = 85$$

Firma Bedorf hat 85 Arbeitsstunden angesetzt.

1

Herr Arndt vergleicht seine letzten Stromrechnungen. Im letzten Jahr lautete seine Rechnung für einen Verbrauch von 2000 KWh zuzüglich der Grundgebühren auf 320 €. Das Jahr davor bezahlte er 265€ bei einem Verbrauch von 1500 KWh. Die Grundgebühren waren gleich geblieben.
Für das nächste Jahr nimmt er sich vor, seinen Verbrauch einzuschränken. Er will höchstens 250€ bezahlen.

a) Berechne die Grundgebühren.
b) Berechne den gewünschten Stromverbrauch.

2

Ein Geschäft gibt für Reklamebeleuchtung bei täglich 4-stündiger Brenndauer monatlich 144 € aus.

a) Wie viel würde die Beleuchtung im Vierteljahr (90 Tage) kosten, wenn die tägliche Brenndauer auf 3 Stunden herabgesetzt würde?

b) Wie lange könnte die Beleuchtung täglich in Betrieb sein, wenn jährlich (365 Tage) nur 1200€ ausgegeben werden sollen?

3

Eine Stadt besitzt 8 Müllwagen mit je 5,6 m^3 Volumen, die den gesamten Müll der Stadt bei täglich 10-stündiger Betriebszeit in 6 Tagen pro Woche beseitigen.
Wie viele Wagen mit gleichem Volumen müssten noch angeschafft werden, wenn künftig der anfallende Müll in 5 Tagen bei 8-stündiger Betriebszeit beseitigt werden soll?

4

Das Manuskript eines Buchs hat 192 Seiten mit je 33 Zeilen zu je 56 Buchstaben.

a) Wie viele Druckseiten wird das Buch haben, wenn eine Seite 40 Zeilen mit durchschnittlich 64 Buchstaben enthält?

b) Wie viele Zeilen müssten auf einer Buchseite stehen, wenn das Buch nur 132 Seiten und in jeder Zeile 56 Buchstaben haben soll?

5

Ein Textilbetrieb beschäftigt 24 Näherinnen und zahlt ihnen bei 8-stündiger Arbeitszeit einen Lohn von 4608 € in der Woche (5 Arbeitstage).
Welcher Lohn ist eine Woche später zu zahlen, wenn 6 Näherinnen mehr beschäftigt werden und täglich 9 Stunden gearbeitet wird?

6

Zum Belegen eines Hofs sind 2240 Platten von 50 cm Länge und 30 cm Breite notwendig.

a) Mit wie vielen quadratischen Platten von 40 cm Seitenlänge kann der Hof belegt werden?

b) Ein zweiter Hof ist doppelt so lang und auch doppelt so breit wie der erste Hof. Wie viele Platten der Größe 40 × 40 cm braucht man zum Belegen?

1

Entscheide, ob in den beiden Darstellungen eine Funktion vorliegt.

a)

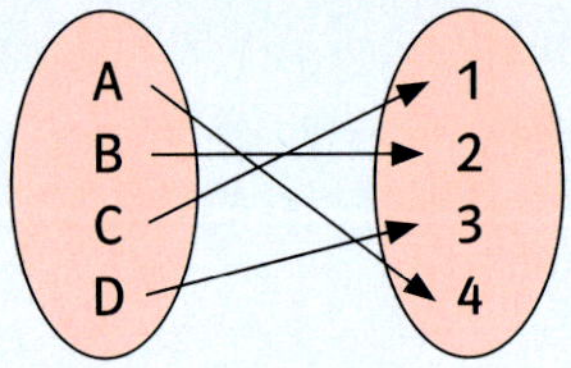

b)

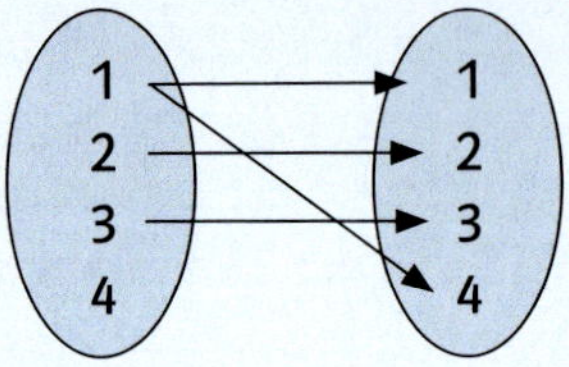

Punkte: max.2

2

a) Erstelle eine Wertetabelle zu der Funktion $y = 2x - 1$ von -4 bis $+4$.

b) Zeichne das Schaubild in ein Koordinatenkreuz.

Punkte: max.3

3

Faschingsaktion bei Bäcker Feld.
Stelle eine Funktion für den Preis von 5, 10, 15, 20,… Berlinern auf.

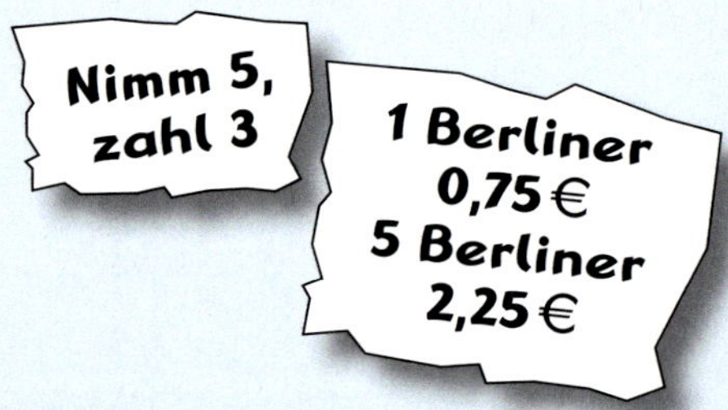

Punkte: max.2

4

Auf welcher Geraden liegt der Punkt P(3 | 4)?

a) $y = 2x + 1$ b) $y = \frac{2}{3}x + 2$ c) $y = \frac{3}{2}x + 2$

Punkte: max.3

5

Wie heißt die Nullstelle der Geraden $y = \frac{2}{3}x + 2$? Zeichne und lies ab.

Punkte: max.2

6

Berechne die Nullstelle der Geraden $y = \frac{51}{54}x - 17$.

Punkte: max.3

7

Ein Schiff fährt mit 18 Knoten den Rhein abwärts.
(Knoten: $\frac{sm}{h}$ = Seemeile pro Stunde)

a) Wie viel sm legt das Schiff in 4 (6, 10, 14) Stunden zurück?

b) In welcher Zeit werden 54 (90,120, 270) sm zurückgelegt?

Punkte: max.5

Gesamtpunkte: max.20

Aufgaben Nummer	erreichte Punktzahl von (...)	Lernerfolg	Lerneinheit abhaken ✓
1 2	_____ (2) _____ (3)	Wenn du die volle Punktzahl hast, dann kannst du sicher mit dem Begriff Funktion umgehen. Du darfst den Lernabschnitt abhaken.	4.1
3	_____ (2)	Wenn du in Aufgabe 3 alle Punkte erreicht hast, dann kannst du mit proportionalen Funktionen rechnen und darfst den Lernabschnitt abhaken.	4.2
4 5 6	_____ (3) _____ (2) _____ (3)	Wenn du für Aufgabe 4, 5 und 6 alle Punkte erhalten hast, darfst du den Lernabschnitt lineare Funktionen abhaken.	4.3
7	_____ (5)	Du kannst einen Sachverhalt mit einer linearen Funktion modellieren, wenn du hier alle Punkte erreicht hast.	4.4

15 – 20 Punkte	8 – 14 Punkte	0 – 7 Punkte
Prima, du hast diesen Lernabschnitt gut verstanden! Nun kannst du beim nächsten Lernabschnitt weiter machen.	Du hast viel gelernt, aber es könnte auch besser sein. Wiederhole die Lernabschnitte noch einmal, die in deiner Checkliste nicht abgehakt sind.	Es gibt bei dir noch viele Unsicherheiten. Du musst noch mehr üben! Wiederhole die Lernabschnitte noch einmal, die in deiner Checkliste nicht abgehakt sind.

5 Lineare Gleichungssysteme

5.1 Lineare Gleichungssysteme mit zwei Variablen

Was ist ein Lineares Gleichungssystem (LGS)?

Unter einem **linearen Gleichungssystem** versteht man in der Realschule **zwei Gleichungen mit zwei Unbekannten.**
Diese können verschiedene Formen haben:
die **allgemeine Form** $ax + by = c$ oder die **Normalform** $y = mx + b$.

Beispiel: erste Gleichung: $3x - 2y = -4$
umgewandelt in die Normalform: $y_1 = \frac{3}{2}x + 2$
zweite Gleichung: $x - 2y = -8$
umgewandelt in die Normalform: $y_2 = \frac{1}{2}x + 4$.

Wenn du zu beiden Gleichungen das Schaubild zeichnest, dann findest du den gemeinsamen Punkt P (2 | 5), den Schnittpunkt der beiden Geraden.

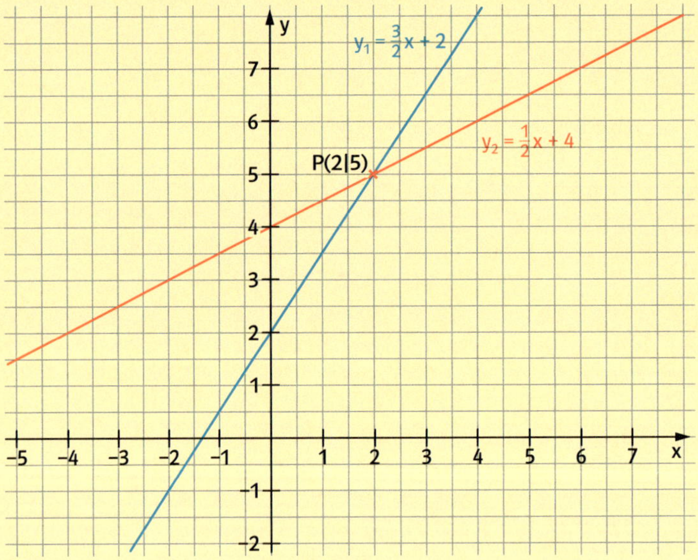

An dieser einen Stelle, im Punkt P, sind die Geraden also „gleich".
Diese Tatsache benutzt du, um ein lineares Gleichungssystem rechnerisch zu lösen. Die **Lösung (x | y)** ist nämlich nichts anderes als die Koordinatenangabe des Schnittpunktes zweier Geraden.

1

Löse das Gleichungssystem zeichnerisch.

$y = 2x + 5$ (1. Gleichung)

$y = x + 4$ (2. Gleichung)

2

Forme die Gleichungen zuerst in die Normalform um, bevor du die Geraden zeichnest und den Schnittpunkt P bestimmst.

$3y - 2x = -6$ (1)

$y + 2x = 6$ (2)

3

Ermittle den Schnittpunkt der beiden Geraden $y_1 = x$ und $y_2 = -x$ zeichnerisch.

4

Zwei Geraden g_1 und g_2 haben den Schnittpunkt $P(3\,|\,4)$.
Ihre Steigungen sind $m_1 = \frac{2}{3}$ und $m_2 = -2$.
Wie müssen ihre Funktionsgleichungen heißen?

5

Wie müssen zwei Geraden verlaufen, damit sie keinen gemeinsamen Schnittpunkt haben?

6

Die Gerade g_1: $y = \frac{3}{4}x - 2$ hat mit einer anderen Geraden g_2 die gemeinsamen Punkte $P_1(-4\,|\,-5)$; $P_2(-2\,|\,-3{,}5)$; $P_3(0\,|\,-2)$; $P_4\left(\frac{4}{3}\,|\,-1\right)$ und noch viele andere. Kann das sein? Findest du eine Funktionsgleichung für die Gerade g_2?

5.2 Lösen durch Gleichsetzen

Zwei Gleichungen mit zwei Unbekannten lassen sich auf verschiedenen Wegen rechnerisch lösen.

So löst du ein LGS durch Gleichsetzen

Beispiel: $y_1 = \frac{3}{2}x + 2$ (1) $y_2 = \frac{1}{2}x + 4$ (2)

Wenn du die beiden Gleichungen „gleichsetzt" $y_1 = y_2$, so gilt auch für die rechten Seiten beider Gleichungen die Gleichheit.

$\frac{3}{2}x + 2 = \frac{1}{2}x + 4 \quad | -\frac{1}{2}x \,|\, -2$

Löse nun diese Gleichung nach x auf:

$\frac{3}{2}x - \frac{1}{2}x = 4 - 2$

$x = 2$

An der Stelle x = 2 ist der y-Wert: $y(2) = \frac{1}{2} \cdot 2 + 4$

$y = 5$

Die Lösung des Gleichungssystems ist also das Wertepaar (2 | 5).
Man schreibt die Lösung in einer Mengenklammer $L = \{(2\,|\,5)\}$.

1

Löse die Gleichungssysteme mit dem Gleichsetzungsverfahren.

$y = x - 9$ (1) und $y = -3x - 1$ (2)

2

Löse die Gleichungssysteme. Forme zunächst in die Normalform um.

a) $6 - y = x$ (1) und $y = x - 2$ (2)
b) $8y = 2x - 6$ (1) und $8y = -3x - 1$ (2)
c) $x = 7y - 5$ (1) und $x = 4y + 1$ (2)
d) $y = -2x + 3$ (1) und $y = 5x + 17$ (2)
e) $x = 4y + 2{,}5$ (1) und $x = 3y + 2$ (2)

3

Zeichne zuerst die Schaubilder und überprüfe dann durch eine Rechnung. Was fällt dir auf?

a) $y = -x + 3$ (1) und $y = 1{,}5x + 0{,}5$ (2)
b) $x - 2y = -2$ (1) und $2x - 4y = 4$
c) $2x - y = 3$ (1) und $x - 0{,}5y = 1{,}5$ (2)

5.3 Lösen durch Einsetzen

Beim Gleichsetzungsverfahren tauchen in der Rechnung häufig Brüche auf, wenn du eine Gleichung in die Normalform umwandelst. Um diese zu vermeiden, bietet sich das Einsetzungsverfahren an.

So löst du ein LGS durch Einsetzen

Beispiel:

$x - 3y = 6$ (1)

$y = 2x - 7$ (2) | (2x − 7) in der ersten Gleichung für y einsetzen

$x - 3 \cdot (2x - 7) = 6$ | Klammer ausmultiplizieren

$x - 6x + 21 = 6$ | zusammenfassen

$-5x + 21 = 6$ | − 21

$-5x = -15$ | Gleichung durch −5 dividieren

$x = 3$

3 für x in die zweite Gleichung einsetzen und ausrechnen.

$y = 2 \cdot 3 - 7$

$y = -1$ Die Lösung ist $(3|-1)$, also

$L = \{(3|-1)\}$

1

Löse mit dem Einsetzungsverfahren.

a) $14x - 5y = -12$
$y = 4x + 6$

b) $5x + 3y = -3$
$y = 2x + 10$

c) $-7x - 3y = 2$
$x = -5y + 18$

d) $-18x + 11y = 15$
$3x + y = 6$

2

Löse mit dem Einsetzungsverfahren. Löse zuvor eine der beiden Gleichungen nach der Variablen y oder x auf, wenn nötig.

a) $3x + 5y = 4$
$x + 2y = -1$

b) $14x + 5y = 32$
$3x - y = 11$

c) $7x - 8y = 4$
$6x - 3y = 15$

d) $x = 8y - 6$
$9x + 208y = 16$

5.4 Lösen durch Addieren

So löst du ein LGS mit dem Additionsverfahren

Beispiel: $2x + 4y = 40$ (1) und $x - 2y = 0$ (2)

Schreibe beide Gleichungen untereinander, wie bei der schriftlichen Addition:

$$\begin{aligned} 2x + 4y &= 40 \quad (1) \\ x - 2y &= 0 \quad (2) \end{aligned}$$

Achte darauf, dass die selben Variablen links untereinander und die reinen Zahlenglieder rechts des „= Zeichens" stehen.

Nun multiplizierst du die zweite Gleichung mit 2:

$$\begin{aligned} 2x + 4y &= 40 \quad (1) \\ 2x - 2 \cdot 2y &= 2 \cdot 0 \quad (2) \end{aligned} \qquad \begin{aligned} 2x + 4y &= 40 \quad (1) \\ 2x - 4y &= 0 \quad (2) \end{aligned}$$

Die Summe der beiden Gleichungen ergibt: $4x + 0y = 40$

Die Variable y fällt aus der Gleichung heraus, deshalb kannst du nun nach x auflösen $4x = 40 \Rightarrow x = 10$

Als letzten Schritt setzt du 10 in die zweite Gleichung ein und errechnest den y-Wert:

$$\begin{aligned} 10 - 2y &= 0 \\ 10 &= 2y \\ y &= 5 \end{aligned}$$

Die Lösung lautet $L = \{(10 \mid 5)\}$.

1

a) $3x + 7y = 29$ (1) und $8x - y = -21$ (2)
b) $5x - 3y = -7$ (1) und $4y - 8x = 8$ (2)
c) $3x - 5y = -3$ (1) und $4x - 2y = 24$ (2)
d) $4x + 5y = 32$ (1) und $8x - 6y = 0$ (2)

2

Wähle selbst ein geeignetes Lösungsverfahren.

a) $8x = 26 + 4y$ (1) und $10y = 43 - 4x$ (2)
b) $y + x = 17$ (1) und $-y + x = 1$ (2)
c) $6x + 10y = -10$ (1) und $x + 5y = 5$ (2)
d) $8y = 10x - 8$ (1) und $x = y + 2$ (2)
e) $3x + 11y = 35$ (1) und $4x + 9y = 24$ (2)
f) $6x = 9y - 5$ (1) und $2y + 16 = 6x$ (2)
g) $4x + 25 - 3y = 5x + y + 9$ (1) und $x + 7y + 4 = 4y - 3x + 26 + 2x$ (2)
h) $7x - (9y - 12) + (3x + 4) = 3y - (5x - 4)$ (1) und
$4y + [5x + 7 - (3y + 6)] = 9 + (6x - y)$ (2)
i) $5(x + 7) - 3(y + 2) = 43$ (1) und $3(x + 4) - 2(y - 1) = 22$ (2)

5.5 Modellieren mit linearen Gleichungssystemen

Beispiel:
Findest du zwei Zahlen, deren Summe 52 und deren Differenz 8 ist?
Die Lösung findest du schnell mithilfe eines Gleichungssystems.
(1) $x + y = 52$ und (2) $x - y = 8$
Das Lösungsverfahren kannst du frei wählen. Hier bietet sich das Additionsverfahren an.

$$\begin{array}{r} x + y = 52 \\ x - y = 8 \\ \hline 2x = 60 \end{array}$$

Summe: $2x = 60$

$x = 30 \Rightarrow 30 + y = 52$

$y = 52 - 30 = 22$

Probe: $30 + 22 = 52$
$30 - 22 = 8$

Lösung: $L = \{(30 \mid 22)\}$

1
Aus 14° C kaltem und 80° C heißem Wasser sollen 120 Liter 38° C warmes Wasser gemischt werden. Wie viel Liter sind dazu jeweils nötig?

2
Frau Soundso erhält am Bankschalter 1000 Euro in 50- und 20- Euroscheinen, insgesamt 35 Scheine. Wie viele Scheine jeder Art erhält sie?

3
Der Winkel γ an der Spitze eines gleichschenkligen Dreiecks ist $1\frac{3}{5}$ mal so groß wie ein Basiswinkel α. Wie groß sind die Winkel?

4
Vergrößert man in einem Rechteck die Länge um 12 cm und die Breite um 4 cm, so wächst der Flächeninhalt um 384 cm^2. Vergrößert man die Länge um 4 cm und die Breite um 12 cm, so vergrößert sich der Flächeninhalt um 544 cm^2. Wie lang sind die Seiten des Rechtecks?

5
Ein Vater war vor 8 Jahren achtmal so alt wie sein Sohn. Er wird in 2 Jahren dreimal so alt wie sein Sohn sein. Wie alt sind Vater und Sohn?

1

Punkte: max.2

Bestimme die Lösungsmenge durch Zeichnung.

$3x - y = 9$ (1) und $x = 2y + 0,5$ (2)

2

Punkte: max.2

Bestimme die Lösungsmenge mit dem Gleichsetzungsverfahren.

$y_1 = \frac{1}{2}x + 2$ und $y_2 = -\frac{1}{2}x + 3$

3

Punkte: max.3

Löse das Gleichungssystem nach dem Additionsverfahren.

$2x - 3y - 4 = 0$ (1)

$2x + y - 12 = 0$ (2)

4

Punkte: max.3

Berechne den Schnittpunkt der beiden Geraden.

$y = 25 - 3x$ (1) und $10x + 2y = 82$ (2)

5

Punkte: max.6

Löse die Gleichungssysteme nach dem Verfahren, das dir am günstigsten scheint.

a) $4x - 5y = 32$ (1)
$8x - 6y = 0$ (2)

b) $6y = 9x - 3$ (1)
$6y = 18x - 48$ (2)

c) $8p = 10q - 8$ (1)
$q = p + 2$ (2)

6

Punkte: max.4

Ein Juwelier hat zwei Sorten Silber von der Gold- und Silberscheideanstalt bezogen. Er stellt daraus Legierungen her.
Eine Legierung aus 10 kg der ersten Sorte und 5 kg der zweiten Sorte hat einen Feingehalt von 800.
Eine Legierung aus 5 kg der ersten und 10 kg der zweiten Sorte ergibt einen Feingehalt von 850.
Welchen Feingehalt haben die bezogenen Sorten Silber?

Gesamtpunkte: max.20

Aufgaben Nummer	erreichte Punktzahl von (...)	Lernerfolg	Lerneinheit abhaken ✓
1	____ (2)	Wenn du die volle Punktzahl hast, dann kannst du Gleichungssysteme zeichnerisch lösen. Du darfst den Lernabschnitt abhaken.	5.1
2 3	____ (2) ____ (3)	Wenn du die Aufgaben 2 und 3 lösen konntest, dann beherrschst du das Gleichsetzungs- und Additions-Verfahren und darfst den Lernabschnitt abhaken.	5.2 5.4
4	____ (3)	Den Lernabschnitt Einsetzungs-Verfahren kannst du abhaken, wenn du hier drei Punkte erhalten hast.	5.3
5	____ (6)	Wenn du hier alle Punkte erhalten hast, dann kannst du, der Aufgabe entsprechend, alle drei Verfahren zum Lösen von Gleichungssystemen einsetzen.	5.2 5.3 5.4
6	____ (4)	Wenn du hier alle Punkte erhalten hast, kannst du dir gratulieren. Es ist eine anspruchsvolle Aufgabe. Du darfst den Lernabschnitt Modellieren mit linearen Gleichungssystemen abhaken.	5.5

15 – 20 Punkte	8 – 14 Punkte	0 – 7 Punkte
Prima, du hast diesen Lernabschnitt gut verstanden! Nun kannst du beim nächsten Lernabschnitt weiter machen.	Du hast viel gelernt, aber es könnte auch besser sein. Wiederhole die Lernabschnitte noch einmal, die in deiner Checkliste nicht abgehakt sind.	Es gibt bei dir noch viele Unsicherheiten. Du musst noch mehr üben! Wiederhole die Lernabschnitte noch einmal, die in deiner Checkliste nicht abgehakt sind.

6 Prismen

6.1 Quader und Würfel

Quader und Würfel sind Körper, deren Oberfläche und Volumen du mithilfe ihrer Kantenlänge bestimmen kannst.

So bestimmst du die Oberfläche von Quadern und Würfeln

Quader

- Die Oberfläche der unteren Seite eines Quaders beträgt: $A_{unten} = a \cdot b$
- Die Oberfläche der rechten Seite eines Quaders beträgt: $A_{rechts} = b \cdot c$
- Die Oberfläche der Vorderseite eines Quaders beträgt: $A_{vorne} = a \cdot c$

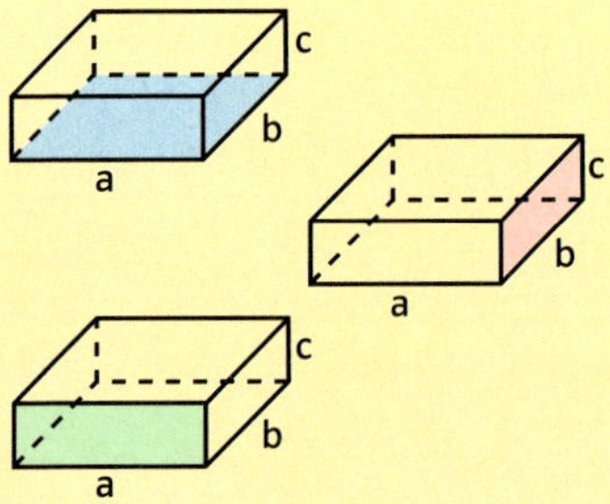

Untere und obere Seite, Vorder- und Rückseite sowie linke Seite und rechte Seite sind gleich groß.

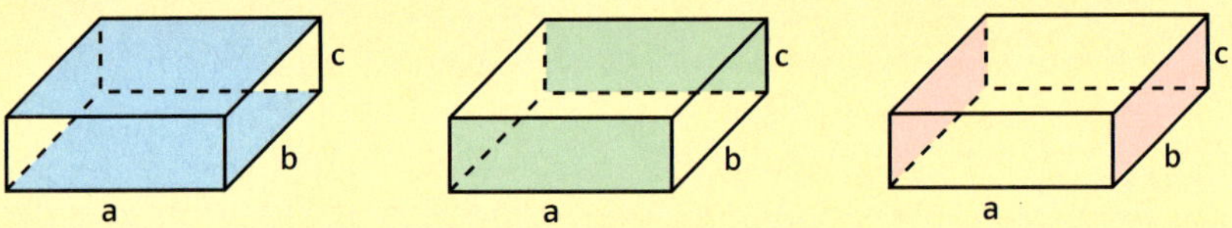

Die gesamte Oberfläche des Quaders ist somit:
$O = 2 \cdot A_{unten} + 2 \cdot A_{rechts} + 2 \cdot A_{vorne}$ oder $\mathbf{O = 2 \cdot a \cdot b + 2 \cdot b \cdot c + 2 \cdot a \cdot c}$,
kurz: $O = 2 \cdot (ab + bc + ac)$.

Würfel

Die Oberfläche der unteren Seite des Würfels beträgt: $A_{unten} = a \cdot a = a^2$. Da alle Seiten des Würfels gleich groß sind, ist die Oberfläche des Würfels: $\mathbf{O = 6 \cdot a^2}$.

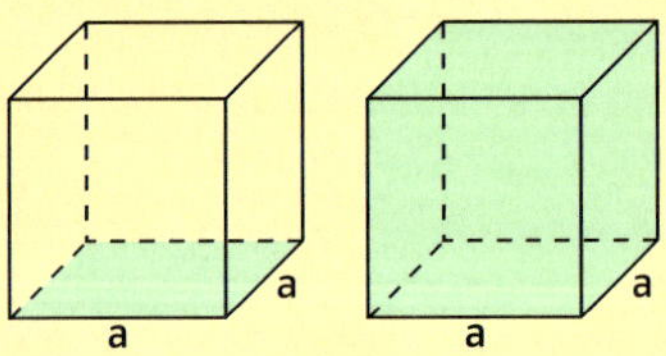

So bestimmst du das Volumen von Quadern und Würfeln

Das **Volumen** des **Quaders** beträgt $\mathbf{V = a \cdot b \cdot c}$.

Beim Würfel sind alle Kantenlängen gleich groß.
Daher ist das **Volumen** eines **Würfels** $V = a \cdot a \cdot a$ oder kurz: $\mathbf{V = a^3}$.

1

Berechne die Oberfläche des Quaders mit den angegebenen Kantenlängen.

a) a = 5 cm; b = 8 cm; c = 7 cm
b) a = 10 m; b = 9 m; c = 1,5 m
c) a = 2,5 dm; b = 0,5 m; c = 4 cm
d) a = 25 mm; b = 2 cm; c = 0,005 m
e) a = 0,032 m; b = 1 m; c = 15 m
f) a = 7320 mm; 0,05 km; 23,5 m

2

Bestimme die Oberfläche und das Volumen des Würfels mit der angegebenen Kantenlänge a.

a) a = 7 cm
b) a = 3,5 m
c) a = 10,5 dm

3

Ermittle das Volumen.

a) Würfel: a = 3 cm
b) Quader: a = 5 cm; b = 33 cm; c = 2 cm
c) Würfel: a = 2,7 km
d) Quader: a = 5,2 m; b = 27 cm; c = 5230 mm

4

Welches Volumen und welche Oberfläche hat der gesamte Körper, wenn alle kleinen Quader zusammengelegt werden?

a)

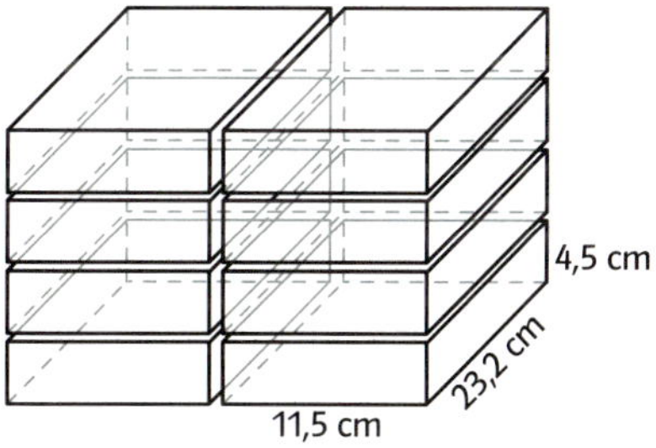

b)

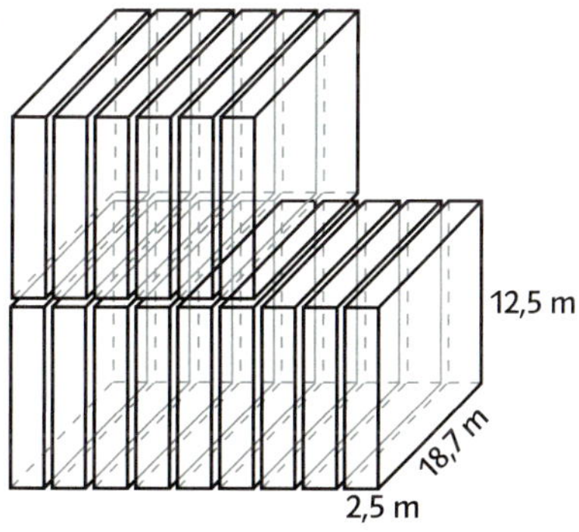

6.2 Netz und Oberfläche von Prismen

Prismen begegnen dir häufig in der Wirklichkeit aber auch im Mathematikunterricht.

Was ist ein Prisma?

Bei einem Prisma sind Grund- und Deckfläche gleichgroß, von gleicher Form und parallel zueinander. Die Mantelflächen bestehen aus Rechtecken. Es hat keine gekrümmten Flächen. Prismen können drei und mehr Mantelflächen haben.

Beispiele:

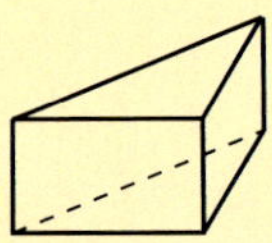

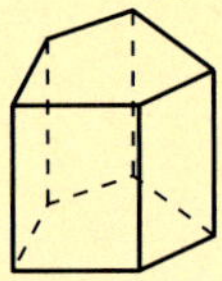

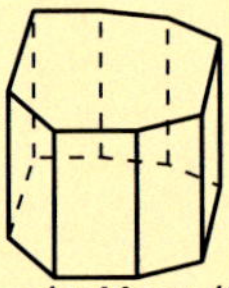

So sieht das Netz eines Primas aus

Das Netz eines Prismas besteht aus unterschiedlichen Vielecken.

Beispiele:

Netz eines dreiseitigen Prismas

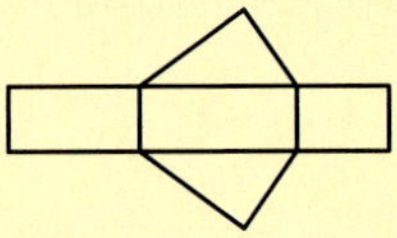

Netz eines achtseitigen Prismas

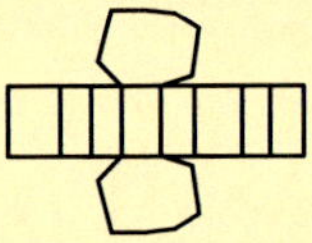

So kannst du die Oberfläche eines Prismas berechnen

Grundfläche

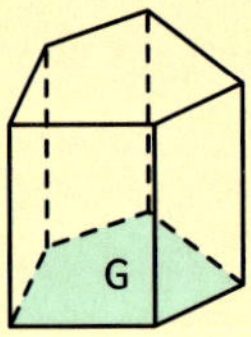

Deckfläche

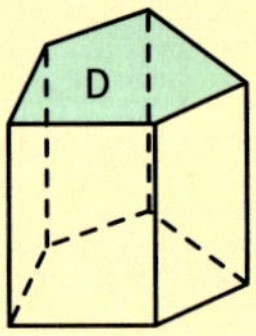

Mantelfläche

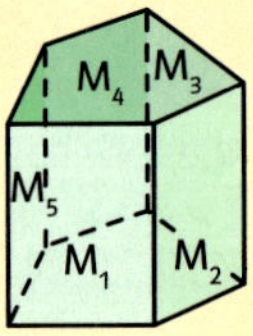

Die Grundfläche (G) und die Deckfläche (D) sind identisch. Die Mantelfläche (M) wird aus den einzelnen Rechtecken (M_1, M_2, …, M_5) zusammengesetzt. Die gesamte Oberfläche besteht also aus der Grundfläche (G), Deckfläche (D) und Mantelfläche ($M = M_1 + M_2 + M_3 + M_4 + M_5$).
Oberfläche = G + D + M
Da die Grundfläche und Deckfläche identisch sind, kann man die Oberfläche (O) auch kurz schreiben als **O = 2G + M**.

1

Zeichne ab und vervollständige das Netz des Prismas. Bestimme dann die Oberfläche.

a)

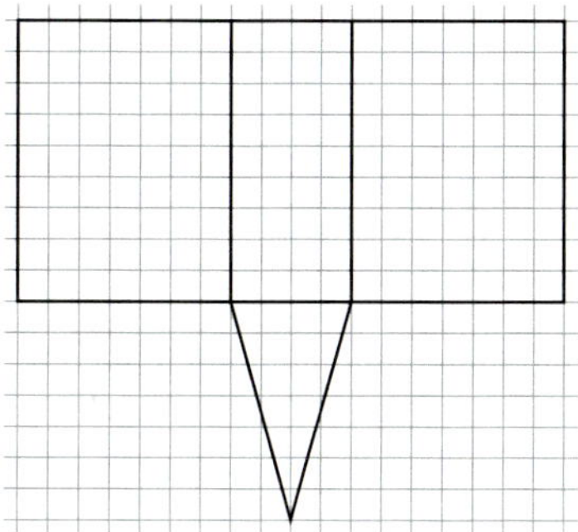

b)

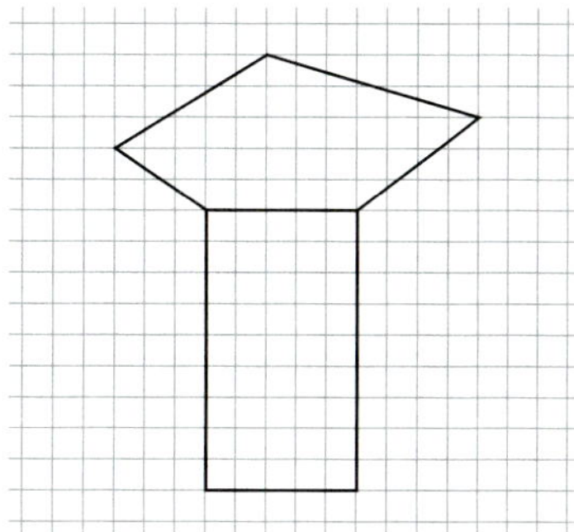

c)

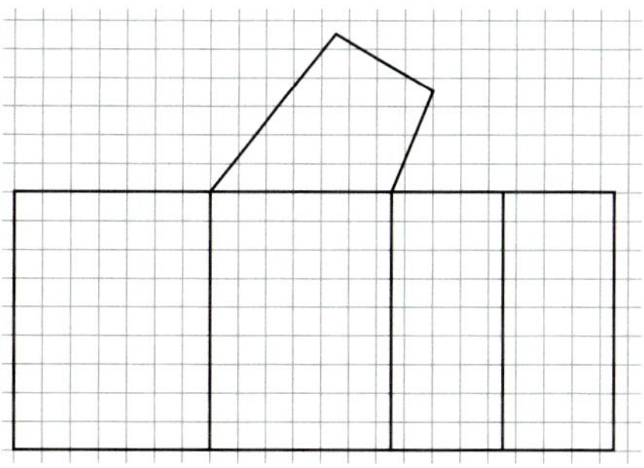

2

Berechne die Oberfläche des Prismas. Die Höhe des Prismas beträgt 25 cm.

a)

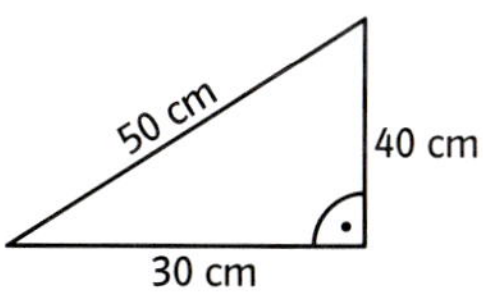

b)

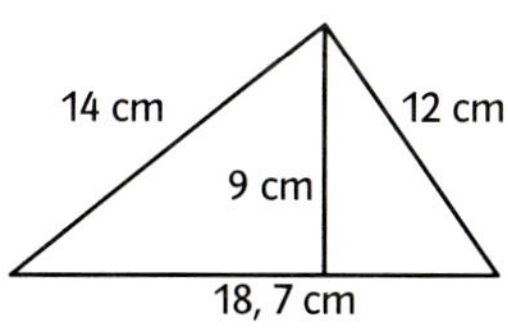

c)

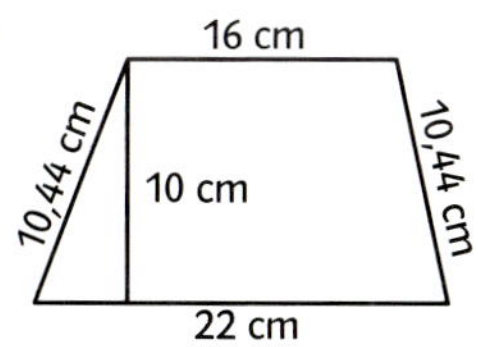

d)

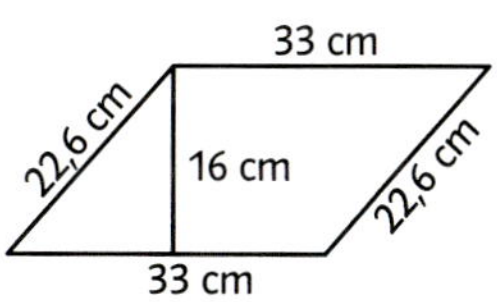

e)

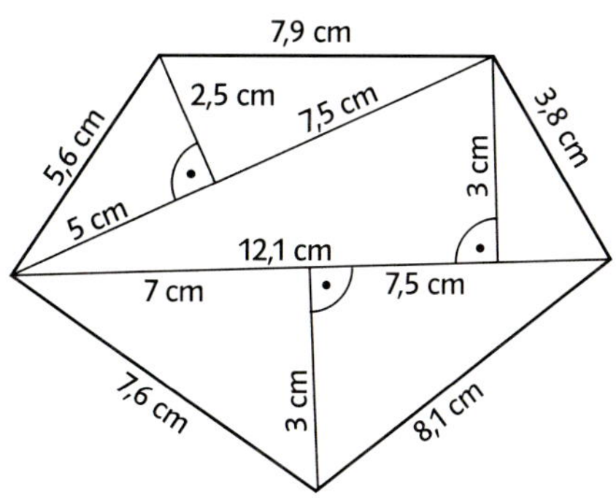

6.3 Schrägbilder von Prismen

Durch geschicktes Zeichnen können wir unser Sehsystem überlisten und einen dreidimensionalen Körper so auf einem zweidimensionalen Blatt zeichnen, dass wir meinen, den Körper wirklich zu sehen.

Das Schrägbild eines Prismas

Beispiel: Um ein Prisma mit der Grundfläche eines Parallelogramms zu zeichnen, kannst du so vorgehen:

a) Zeichne das Parallelogramm.

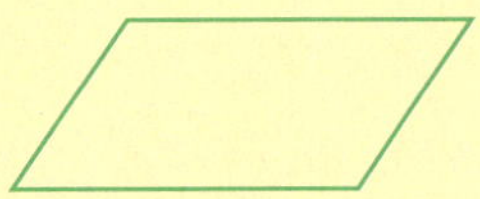

b) Zeichne die Höhen des Parallelogramms ein.

c) Verkürze die Höhe um den Faktor $\frac{1}{2}$.

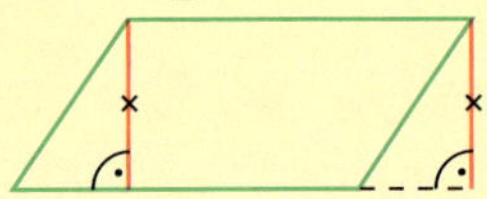

d) Zeichne die verkürzte Höhe unter einem Winkel von 45° ein.

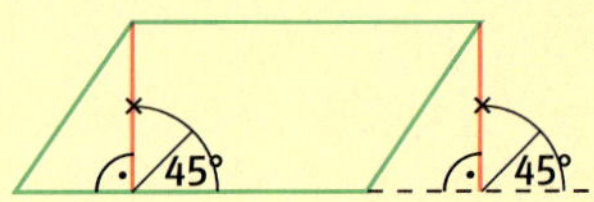

e) Zeichne nun das schräge Parallelogramm, später nicht sichtbare Kanten gestrichelt.

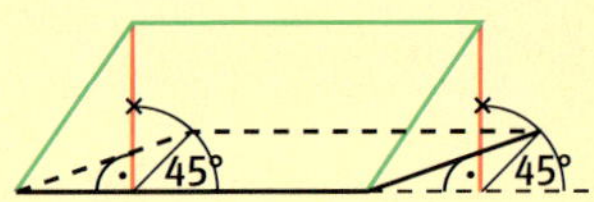

f) Von jedem Eckpunkt des Parallelogramms kannst du nun die Höhe des Prismas einzeichnen. Achte auf die nicht sichtbaren Kanten und zeichne diese gestrichelt ein.

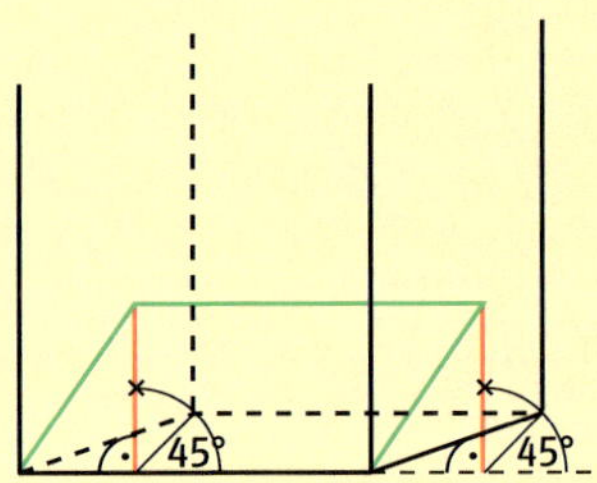

g) Zeichne die Deckfläche

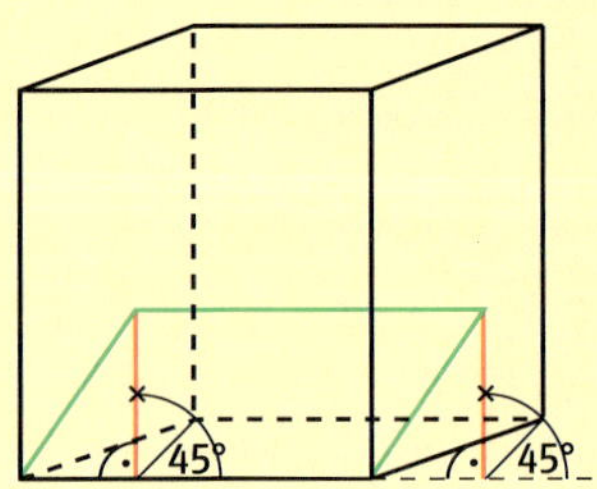

Da bei Schrägbildern nur die parallel oder senkrecht zur Zeichenebene verlaufenden Strecken konstruiert werden können, musst du dir Hilfslinien überlegen. Oft sind die Höhen der Grundflächenfiguren dafür geeignet.

1

Hier sind die Grundflächen von 7 cm hohen Prismen gezeichnet. Zeichne die dazugehörigen Schrägbilder so, dass das Prisma auf der Grundfläche steht.

a)

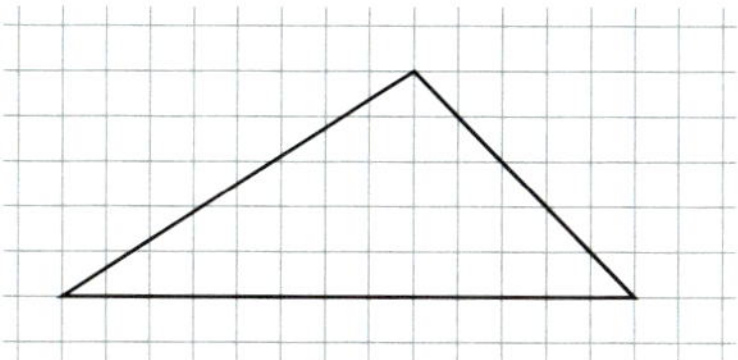

b)

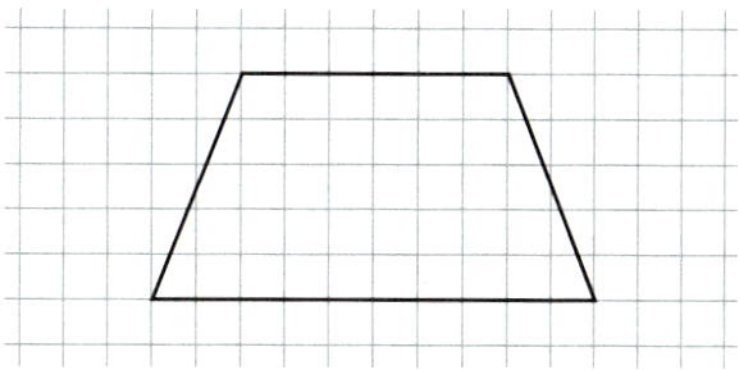

c)

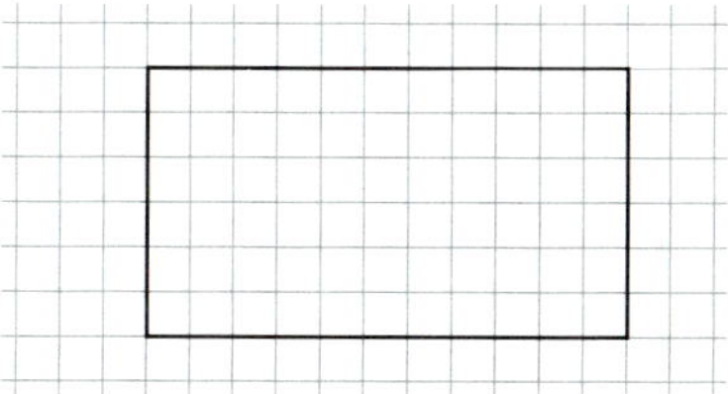

d)

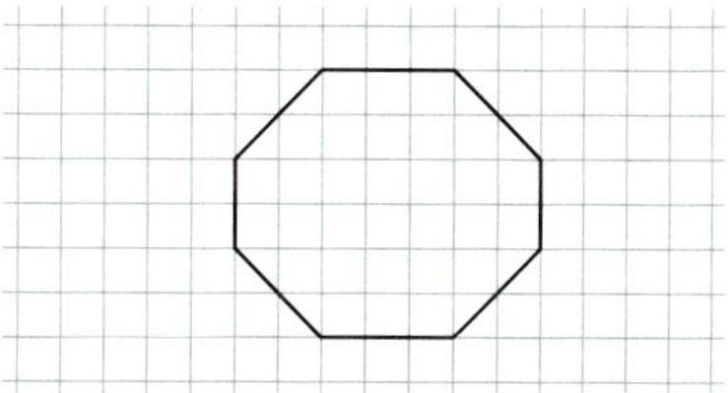

2

Legt man ein Prisma auf eine Mantelfläche, so kannst du das Prisma ohne Hilfslinien zeichnen. Beim Prisma der Aufgabe 1a) sieht das so aus:

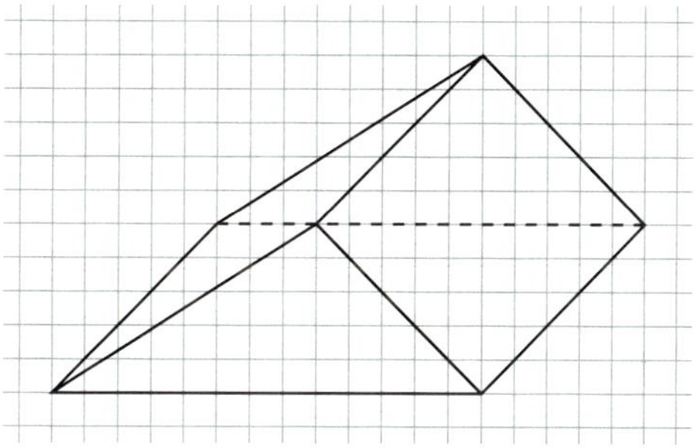

Zeichne Prismen mit den folgenden Grundflächen, die auf einer Mantelfläche liegen und 9 cm hoch sind.

a)

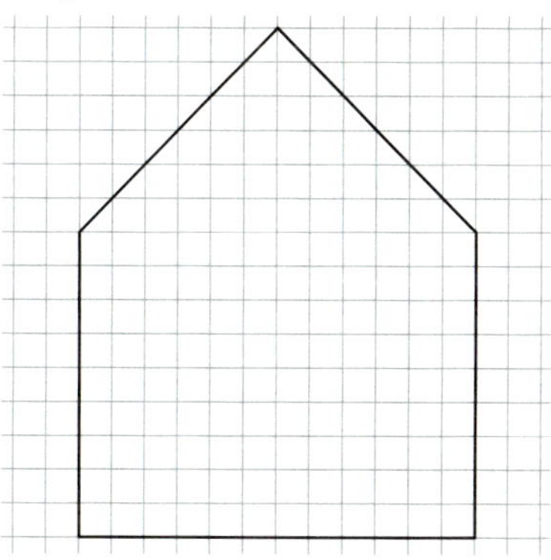

b)

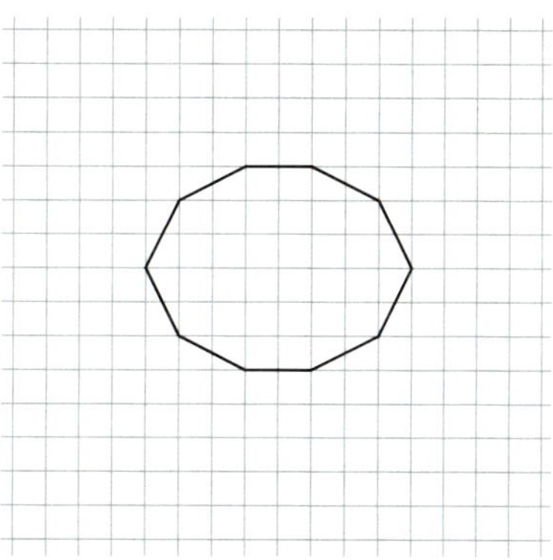

6.4 Volumen von Prismen

Bei vielen Anwendungen wird nach dem Volumen oder Rauminhalt von Körpern gefragt.

So berechnest du das Volumen eines Prismas

Das Volumen eines jeden Prismas lässt sich durch die Multiplikation der Grundfläche mit der Höhe berechnen.

$\text{Volumen}_{\text{Prisma}} = \text{Grundfläche} \cdot \text{Höhe}$, kurz: $V_{\text{Prisma}} = G \cdot h$

Beispiele:

Quadratprisma

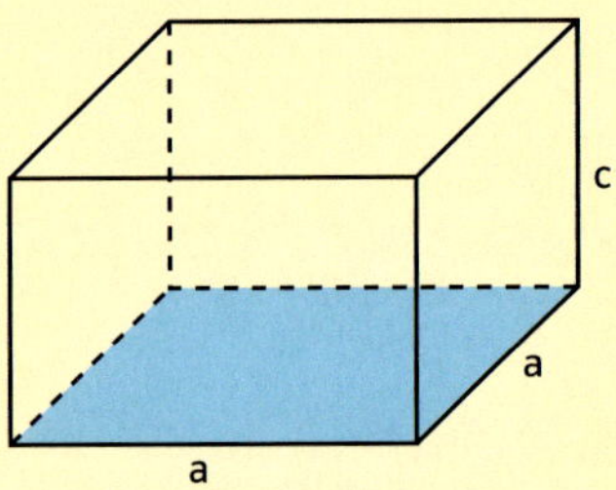

$V = \text{Grundfläche} \cdot \text{Höhe}$

$V = \textbf{Fläche Quadrat} \cdot \text{Höhe}$

$V = \mathbf{a \cdot a} \cdot h = \mathbf{a^2} \cdot h$

Trapezprisma

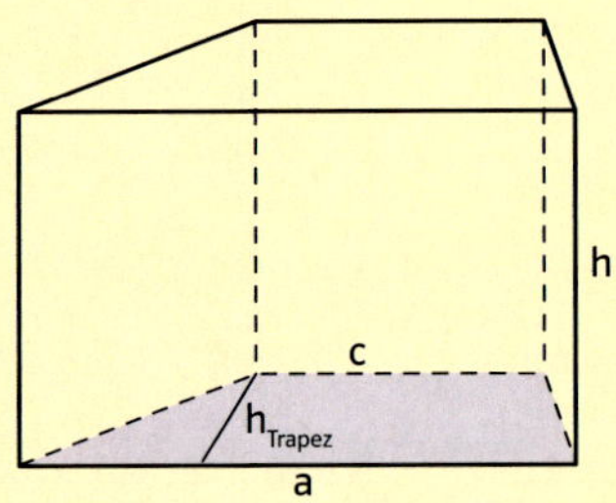

$V = \text{Grundfläche} \cdot \text{Höhe}$

$V = \textbf{Fläche Trapez} \cdot \text{Höhe}$

$V = \frac{a + c}{2} \cdot h_{\text{Trapez}} \cdot h$

Dreiecksprisma

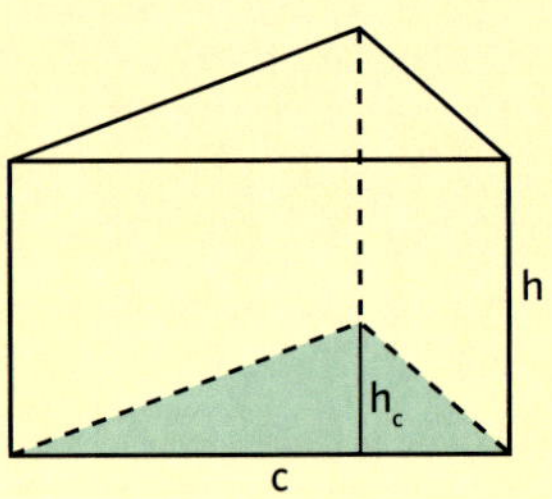

$V = \text{Grundfläche} \cdot \text{Höhe}$

$V = \textbf{Fläche Dreieck} \cdot \text{Höhe}$

$V = \frac{1}{2} c \cdot h_c \cdot h$

Parallelogrammprisma

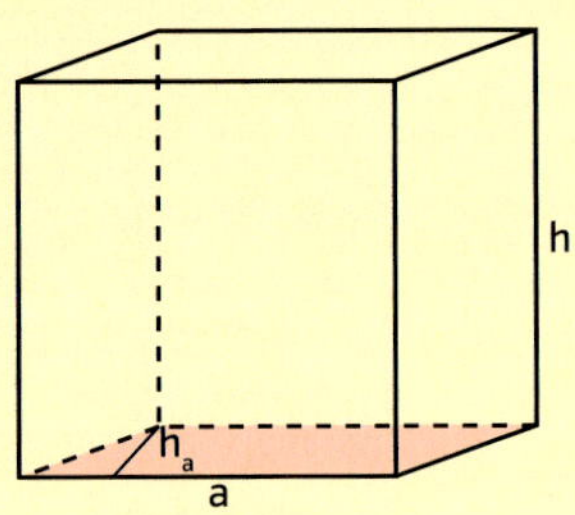

$V = \text{Grundfläche} \cdot \text{Höhe}$

$V = \textbf{Fläche Parallelogramm} \cdot \text{Höhe}$

$V = a \cdot h_a \cdot h$

Je nach Grundfläche ändert sich die Formel zur Berechnung des Volumens eines Prismas.

1

Du siehst die Grundflächen von 7 cm hohen Prismen. Berechne deren Volumen.

a) Quadrat

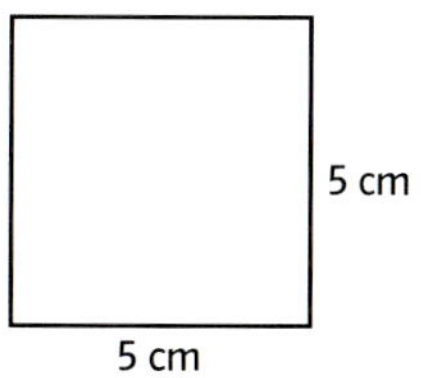

b) Trapez

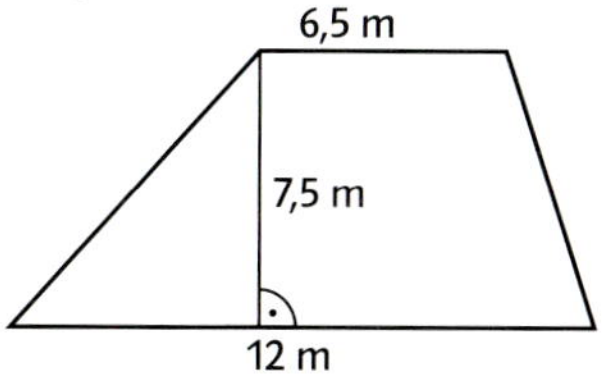

c) Dreieck

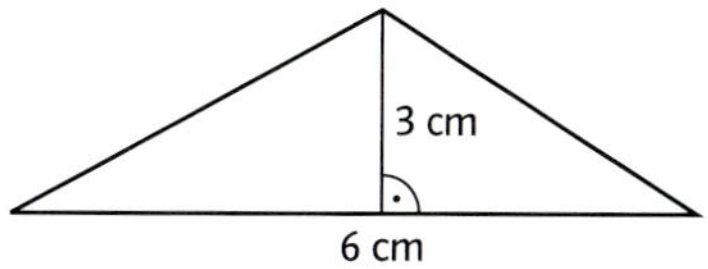

d) Symmetrisches Trapez

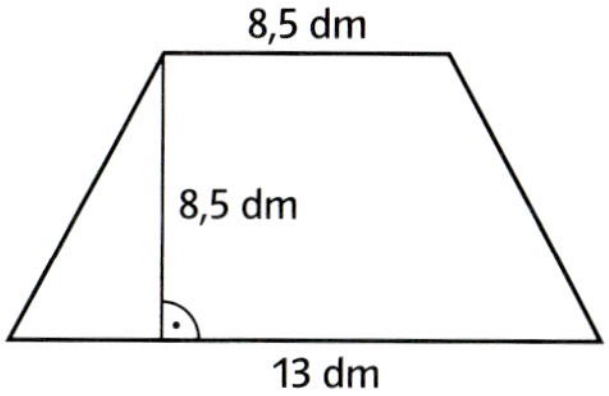

2

Berechne das Volumen.

a)

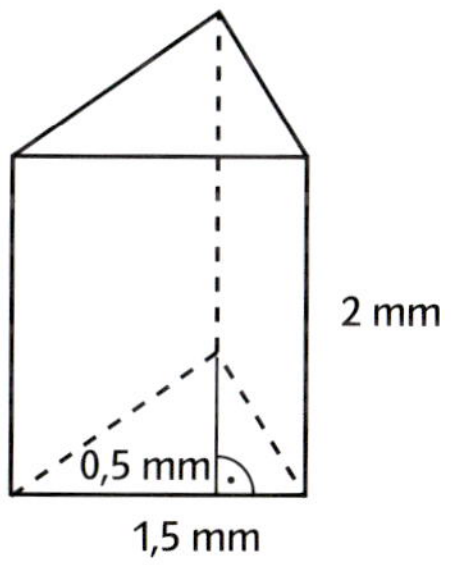

b)

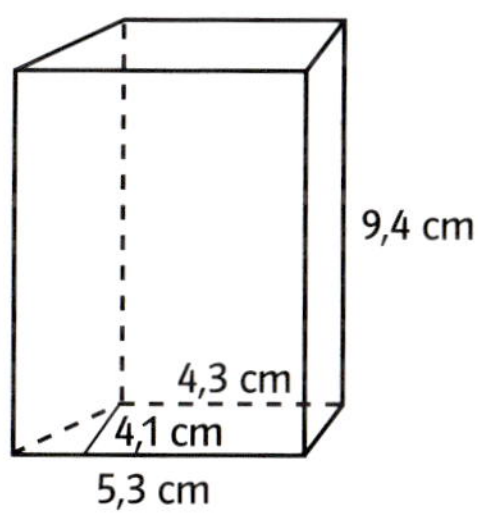

c)

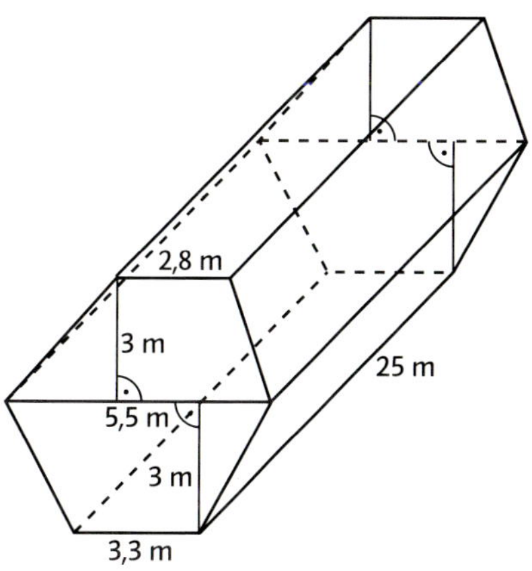

6.5 Zusammengesetzte Körper

Zwei unterschiedliche Körper können zusammengesetzt werden. Dabei hat der neu entstehende Körper das Volumen von beiden. Bei der Bestimmung der Oberfläche stimmt dies nicht.

Volumen und Oberfläche von zusammengesetzten Körpern

Beispiel:
Werden ein Dreiecksprisma und ein Quader zusammengesetzt, so erhältst du einen Körper, der einem Haus ähnelt.

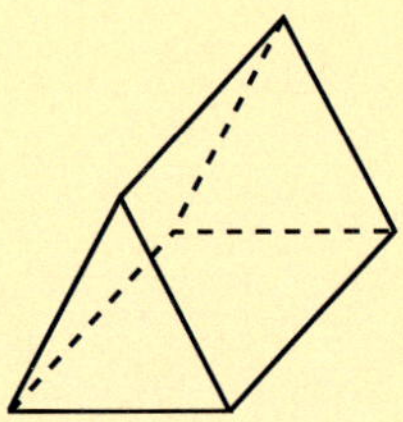

Dreiecksprisma
$V_1 = \frac{1}{2} a \cdot h_a \cdot h$
$O_1 = 2 \cdot G_1 + M_1$

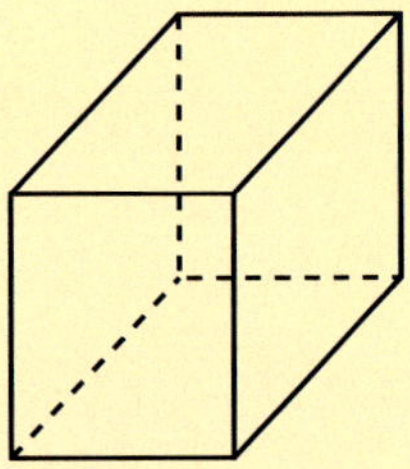

Quader
$V_2 = a \cdot b \cdot h$
$O_2 = 2 \cdot G_2 + M_2$

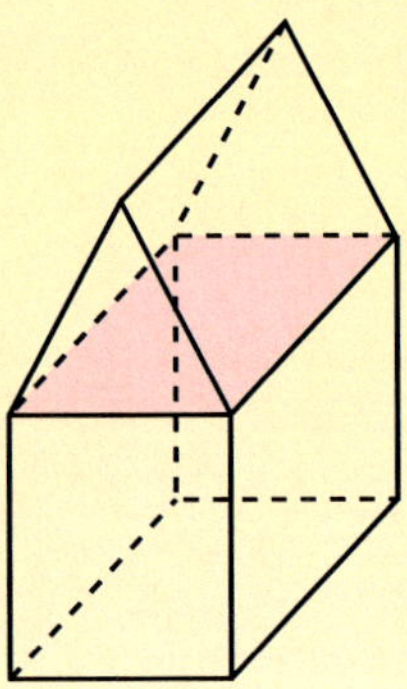

Haus
$V = V_1 + V_2$
$V = \frac{1}{2} a \cdot h_a \cdot h + a \cdot b \cdot h$
$O = O_1 + O_2 - M_{gemeinsam}$

Das Volumen des zusammengesetzten Körpers (hier ein Haus) entspricht dem Volumen des Dreiecksprismas plus dem Volumen des Quaders.
Die Oberfläche des zusammengesetzten Körpers ist um das Doppelte der gemeinsamen Mantelfläche (hier $M_{gemeinsam}$) kleiner als die Oberfläche der einzelnen Körper.

1

Bestimme Volumen und Oberfläche der zusammengesetzten Körper.

a)

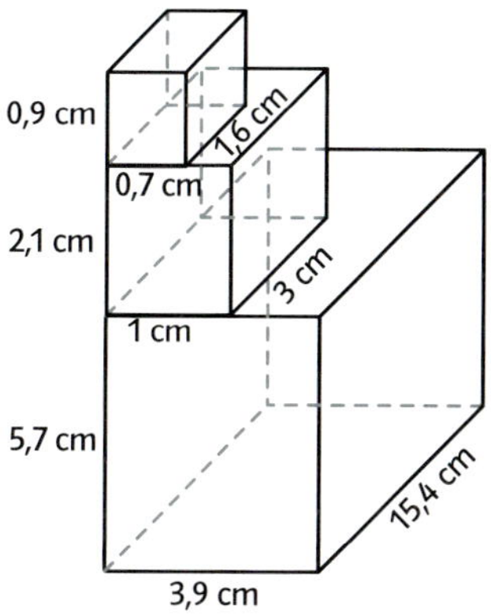

b)

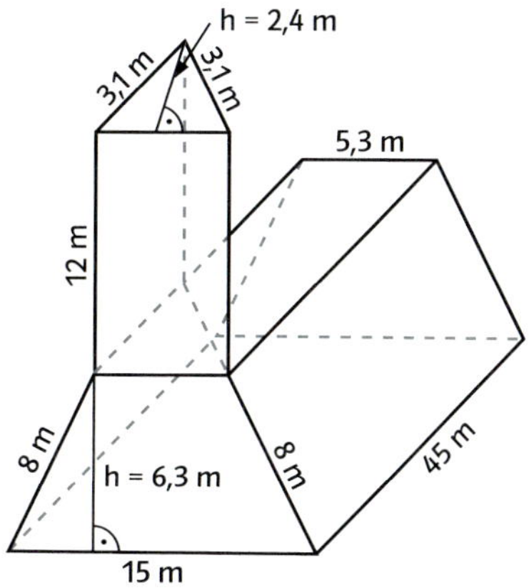

2

a)

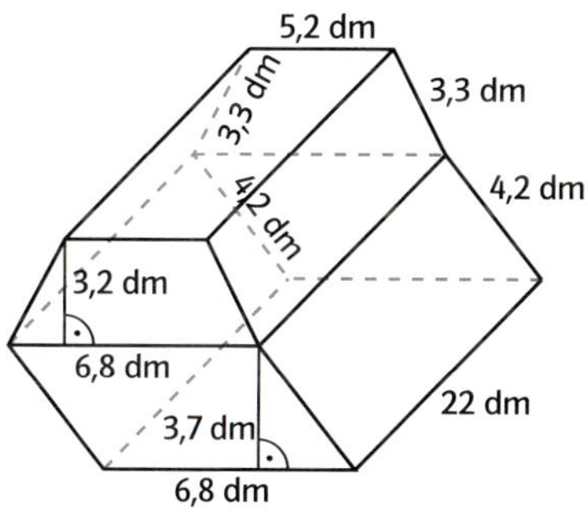

b)

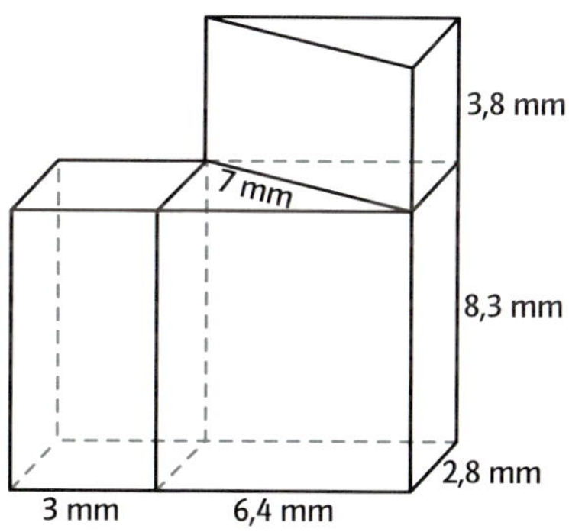

1

Bestimme Volumen und Oberfläche der Körper. Welcher der Körper hat das größte Volumen? Welcher die größte Oberfläche?

a)

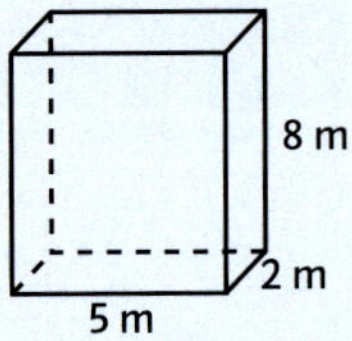

b)

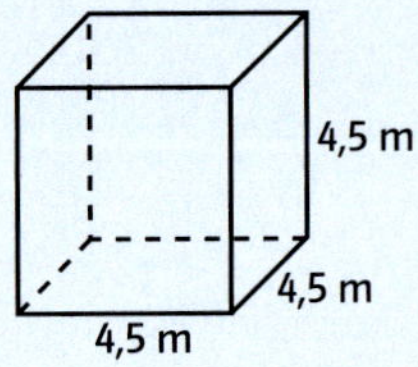

c)

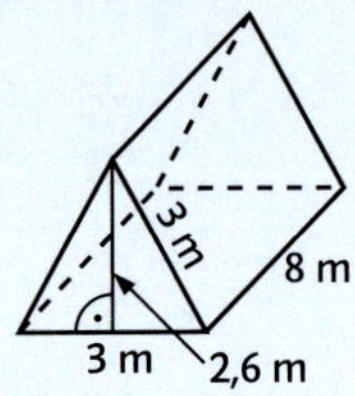

d) Parallelogrammprisma

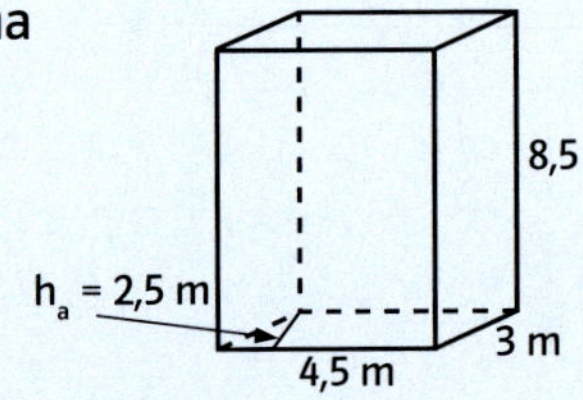

Punkte: max.4

2

Punkte: max.4

Zeichne die Netze der Körper aus Aufgabe 1.

3

Zeichne die 4,5 cm hohen Prismen im Schrägbild. Einmal so, dass das Prisma auf der Grundseite steht. Das zweite Mal so, dass das Prisma auf einer Mantelfläche liegt.

a) Dreiecksprisma. Die Grundseite des Dreiecks beträgt 3,5 cm, die Höhe des gleichschenkligen Dreiecks 1,5 cm.

b) Parallelogrammprisma. Die Grundseite des Parallelogramms beträgt 4 cm, die Höhe des Parallelogramms 3 cm. Die Seitenlinien sind 3,5 cm lang.

c) Trapezprisma. Die Grundseite des symmetrischen Trapezes ist 4,5 cm und die gegenüberliegende Seite 3,5 cm lang. Die Höhe des Trapezes beträgt 5 cm.

Punkte: max.6

4

Berechne Volumen und Oberfläche des nebenstehenden zusammengesetzten Körpers.

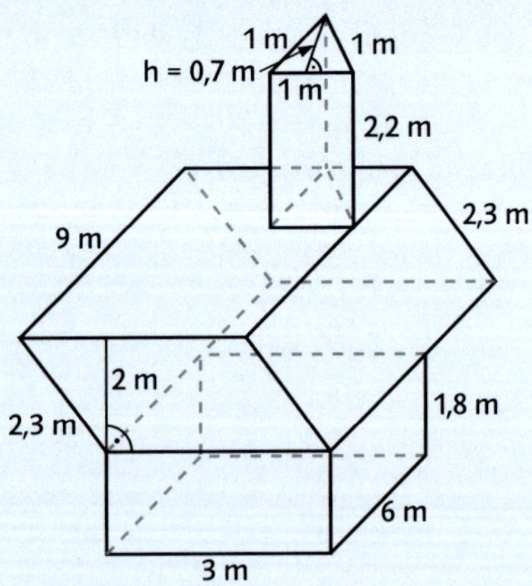

Punkte: max.8

Gesamtpunkte: max.22

Aufgaben Nummer	erreichte Punktzahl von (...)	Lernerfolg	Lerneinheit abhaken ✓
1	_____ (4)	Wenn du hier alle Punkte erreicht hast, kannst du Volumen und Oberfläche von Quadern, Würfeln und Prismen berechnen. Du kannst die Unterkapitel 1 und 4 abhaken.	6.1 6.4
2	_____ (4)	Du hast alle Punkte erreicht? Dann kannst du Netze von Prismen zeichnen. Prima. Du kannst dieses Kapitel abhaken.	6.2
3	_____ (6)	Hast du alle Körper richtig gezeichnet? Alle nicht sichtbare Kanten gestrichelt? Dann kannst du Prismen im Schrägbild zeichnen. Hake dieses Kapitel ab.	6.3
4	_____ (8)	Wenn du diese Aufgabe richtig gelöst hast, kann dir keiner mehr was vormachen. Du kannst das Volumen und die Oberfläche von zusammengesetzten Körpern berechnen. Sogar schwere Aufgaben liegen dir. Dieses Kapitel kannst du abhaken.	6.5

16 – 22 Punkte	9 – 15 Punkte	0 – 8 Punkte
Super. Dein geometrisches Vorstellungsvermögen ist prima. Du kannst mit Prismen gut umgehen. Du kannst mit einem anderen Kapitel weiter trainieren.	Finde heraus, welche Themen dir noch nicht so liegen und übe diese noch ein wenig. Du bist auf einem guten Weg.	Schade. Du solltest noch üben. Verliere nicht den Mut. Beginne am Anfang dieses Kapitels und arbeite die Themen nochmals durch.

7 Prozente und Zinsen

7.1 Grundwert, Prozentwert und Prozentsatz

Viele alltägliche Fragen und Probleme lassen sich mithilfe der Prozentrechnung lösen.

So kannst du einen Prozentwert berechnen

Beispiel:
27% aller Schüler einer Schule fahren mit dem Bus zum Unterricht. Insgesamt gehen 700 Schüler in diese Schule. Das ist der **Grundwert**, auf den sich die Prozente beziehen.
27% ist der **Prozentsatz** und gesucht wird die Anzahl der Schüler, die mit dem Bus zur Schule fahren, das ist der **Prozentwert**.

Der Rechenweg lässt sich in einem Dreisatz darstellen:

100% sind 700 Schüler (Grundwert)

1% sind $\frac{700}{100}$ Schüler

27% sind $\frac{700 \cdot 27}{100} = 189$ Schüler (Prozentwert)

Mit einer Formel kannst du die aufwändige Darstellung abkürzen.
Prozentwert (P), Grundwert (G), Prozentsatz (p)

Im Beispiel: $P = \frac{G \cdot p}{100}$

$P = \frac{700 \cdot 27}{100} = 189$

1

Berechne den Prozentwert. Herr Müller verdient 2600 € im Monat. 7% davon spart er. Wie viel Euro sind dies?

2

Frau Emmerich kauft einen Staubsauger für 189 € und zahlt 20% an. Den Rest bezahlt sie in Raten zu 14 € monatlich ab. Wie viele Raten muss sie noch bezahlen?

Berechnen des Prozentsatzes

Die Formel zur Berechnung des Prozentwerts kannst du so umformen, dass du damit den Prozentsatz berechnen kannst.

$P = \frac{G \cdot p}{100} \Rightarrow p = \frac{P \cdot 100}{G}$

3

Der Zahnarzt stellt fest, dass von 500 Schülern einer Schule 275 schlechte Zähne haben. Wie viel Prozent sind dies?

4

Ein PC kostete vor drei Jahren 2100 €. Heute kostet dasselbe Modell 350€ weniger. Wie viel Prozent ist er billiger geworden?

5

Von den 37,6 Millionen Wohnungen in der Bundesrepublik Deutschland wurden im Jahr 2000 etwa 17 Mio. mit Öl, 1,2 Mio. mit Kohle und 19,4 Mio. mit Gas beheizt. Wie viel Prozent sind das jeweils?

Berechnen des Grundwerts

Auch den Grundwert kannst du mithilfe der umgestellten Formel berechnen.

$P = \frac{G \cdot p}{100} \Rightarrow G = \frac{P \cdot 100}{p}$

6

Der Mehrwertsteueranteil beim Kauf eines Fernsehgerätes beträgt 530 Euro. Das sind zurzeit 19 % des Nettopreises. Wie viel hätte der Fernseher ohne die Mehrwertsteuer gekostet?

7

Alle Stiefel „25 % billiger“, so wirbt ein Schuhgeschäft im Januar. Wie viel kostete ein Paar vorher, wenn man jetzt 69 € spart?

7.2 Vermehrter und verminderter Grundwert

In diesem Kapitel lernst du ein paar Abkürzungen beim Rechnen mit Prozenten kennen.

So berechnest du den verminderten Grundwert

$q^- = \frac{100-p}{100}$ oder $q^- = 1 - \frac{p}{100}$

Beispiel: Bei einer Rabattaktion werden alle Hosen um 20 % herabgesetzt. Eine Hose kostete vorher 79,90 €. Wie viel kostet sie jetzt?
Hier ist nach dem **verminderten Grundwert** (G^-) gefragt, in ihm ist der Grundwert abzüglich des Prozentwerts ausgedrückt:
$G^- = G - P$
Hieraus lässt sich der Abnahmefaktor $q^- = \frac{G-p}{100}$ ableiten. Wenn du den Grundwert mit dem Abnahmefaktor multiplizierst, bekommst du den verminderten Grundwert: $G^- = G \cdot q^-$.

80 % = 80 : 100 = 0,80

Lösung des Beispiels: Der Prozentsatz ist 100 % − 20 % = 80 %.
Daraus ergibt sich $q^- = 0{,}8$; $G^- = 79{,}00\,€ \cdot 0{,}8 =$ **63,92 €**

Genauso funktioniert es mit einem vermehrten Grundwert

$G^+ = G + P$; $q^+ = 1 + \frac{p}{100}$ oder $q^+ = \frac{100+p}{100}$; $G^+ = G \cdot q^+$

Beispiel: Ein Moped kostete 2985 €. Der Händler erhöhte seine Preise um 5,5%. Wie viel kostet es jetzt?
Lösung: Grundwert G = 2985 €
Wachstumsfaktor $q^+ = 1 + \frac{5{,}5}{100} = 1 + 0{,}055 = 1{,}055$
$G^+ = G \cdot p = 2985 \cdot 1{,}055 =$ **3149,18**
Antwort: Nach der Preiserhöhung kostet das Moped 3149,18 €.

1

In Nordrhein-Westfalen gingen 2005 erstmals seit 2000 die polizeilich erfassten Straftaten um 1,8 % auf rund 1,5 Mio. Delikte zurück. Gleichzeitig stieg die Aufklärungsrate um 1,4 Prozentpunkte auf 49,3 %.

a) Wie viele Delikte wurden im Jahr 2000 von der Polizei erfasst?
b) Wie viele Straftaten wurden 2005 aufgeklärt?
c) Wie viele Straftaten wurden 2005 mehr aufgeklärt als im Jahr 2000?

So berechnest du den ursprünglichen Grundpreis

Du berechnest den ursprünglichen Grundpreis, indem du den erhöhten (verminderten) Preis durch den Wachstumsfaktor dividierst.

$G = \frac{G^+}{q}$ oder $G = \frac{G^-}{q}$

Beispiel: Nach einer Preiserhöhung von 3 % kostet ein Moped jetzt 3150 €. Berechne den ursprünglichen Preis.

Lösung: Wachstumsfaktor: $q^+ = 1 + \frac{3}{100} = 1 + 0{,}03 = 1{,}03$

Der vermehrte Grundwert: $G^+ = 3150$ €

$G^+ = G \cdot q^+ \Rightarrow 3150 = G \cdot 1{,}03 \Rightarrow G = \frac{3150}{1{,}03} =$ **3059,25**

Antwort: Das Moped kostete vorher 3058, 25 €.

So berechnest du die prozentuale Veränderung

$G^+ = G \cdot q^+ \Rightarrow q^+ = \frac{G^+}{G}$

$q^+ = 1 + \frac{p}{100} \Rightarrow q^+ = \frac{100 + p}{100} \Rightarrow 100\,q^+ = 100 + p \Rightarrow p = 100\,q^+ - 100$

Bei einem verminderten Grundwert rechnest du mit $q^- = 1 - \frac{p}{100}$.

2

Die Luftlinien-Entfernung Mannheim – Basel beträgt 225 km. Die Luftliniengeschwindigkeit eines Autos beträgt 79 km/h, die eines ICE 110 km/h. Um wie viel Prozent verkürzt sich die Reisedauer im ICE?

3

Baden-Württemberg hat eine Fläche von 35 751 km², das sind rund 10 % der Fläche der Bundesrepublik. Wie groß ist die Fläche der Bundesrepublik?

4

2001 hatte das Land Niedersachsen 19 340 ha Grünanlagen. Im Jahr 2006 wurden 24 470 ha Grünanlagen ausgewiesen.
Wie viel Prozent beträgt die Erweiterung in diesen 5 Jahren insgesamt?

5

Ladendiebstahldelikte sind in Nordrhein-Westfalen um 8 % rückläufig.

a) Dies sind 9600 Fälle weniger als im Vorjahr. Wie viele Delikte gab es dieses Jahr?

b) Im letzten Jahr gab es in NRW 120 000 Ladendiebstähle. Wie viele Delikte gab es dieses Jahr?

6

Baden-Württemberg hat rund 10,600 Mio. Einwohner (Stand 2002), man ging von einer Bevölkerungszunahme von 2,3 % aus. Wie viele Einwohner hatte BW 2003? Runde auf Tausender.

7

Stuttgart hat rund 592 000 Einwohner, 301 200 sind weiblich. Vor 10 Jahren lebten dort 286 140 weibliche Einwohner.

a) Um wie viel Prozent haben die weiblichen Einwohner zugenommen?
b) Wie viele Männer lebten bei einer vergleichbaren Bevölkerungsentwicklung vor 10 Jahren in Stuttgart?
c) Um wie viel Prozent hat die Bevölkerung seit damals zugenommen?

8

Berlin hat rund 3 402 000 Einwohner. Davon leben 2 238 300 im Westteil der Stadt. Man verzeichnete einen Zuwachs von 2,6 % gegenüber dem Vorjahr.
Im Ostteil der Stadt sank die Einwohnerzahl gegenüber dem Vorjahr um 9,8 %.
Um wie viele Personen nahm die Einwohnerzahl im Ostteil gegenüber dem Vorjahr ab?

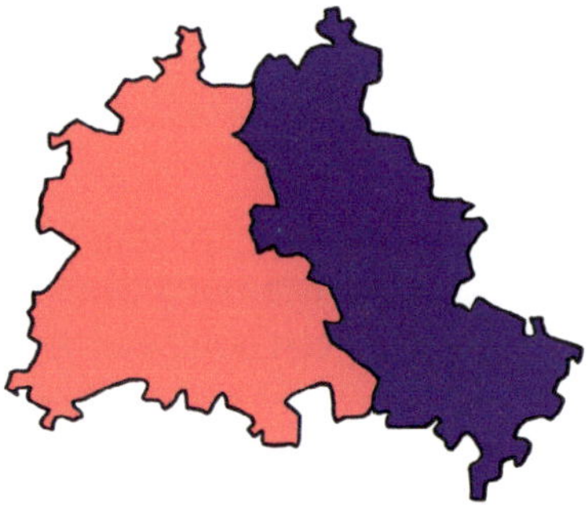

9

In den letzten 10 Jahren haben die Eisenbahnen der EU ihr Streckennetz von 115 000 km auf 108 000 km verkürzt.
Die Schnellbahntrassen stiegen dagegen um 16 % auf 31 000 km.
Die DB verfügt über 11 000 km Schnellbahnstrecken in ihrem insgesamt 29 000 km umfassenden Streckennetz.
Stelle selbst sinnvolle Fragen und finde Antworten dazu.

7.3 Zinsrechnung

Das Zinsrechnen ist im Grunde dasselbe wie Prozentrechnen, das aber auf Geldgeschäfte angewendet wird. Nur die Begriffe ändern sich.

Die Grundbegriffe der Zinsrechnung

Nun nennt man den Grundwert **Kapital** (K),
der Prozentwert heißt jetzt **Zinsen** (Z),
und der Prozentsatz wird zum **Zinssatz** (p).

Beispiel: Katrin hat 750 € auf ihrem Sparkonto. Dafür bekommt sie 3,5 % Zinsen. Wie viele Euro Zinsen sind dies?

$$P = \frac{G \cdot p}{100} \Rightarrow Z = \frac{K \cdot p}{100} = \frac{750 \cdot 3{,}5}{100} = \mathbf{26{,}25}$$

Es sind 26,25 € Zinsen. Diese Zinsen wurden für ein Jahr berechnet.

1

Wie viel Euro Zinsen erhält man bei einem Zinssatz von 4,5% für
a) 300 €, b) 650 €, c) 1500 €, d) 12 000 €?

2

Welches Kapital musst du anlegen, wenn du bei einem Zinssatz von 3 % 750 € Zinsen erhalten willst?

3

a) Bei welchem Zinssatz verdoppelt sich dein Kapital von 50 € auf 100 €?
b) Bei welchem Zinssatz bekommst du die Hälfte deines Kapitals von 2300 € als Zinsen?

4

Siegfried muss sich bei der Bank Geld leihen. Er möchte aber nicht mehr als 150 € Zinsen im Jahr bezahlen. Die Bank verlangt dafür 8 % Zinsen.

5

Frau A nimmt einen Kredit auf über 12 000 € mit 1275 € Zinsen im Jahr. Herr B nimmt 18 000 € Schulden auf und zahlt 1656 € Zinsen. Berechne jeweils den Zinssatz und vergleiche.

7.4 Monatszinsen und Tageszinsen

Bei einem Sparkonto zahlst du dein Geld ein oder hebst es ab, wie es sich gerade ergibt. Die Bank berechnet am Jahresende für jeden Zeitabschnitt zwischen zwei Konto-Änderungen die Tageszinsen.

So berechnest du Tageszinsen

Im Bankwesen hat jedes Jahr 360 Zinstage und entsprechend jeder Monat 30 Zinstage. Mit diesen Formeln

$Z = K \cdot \frac{p}{100} \cdot \frac{t}{360}$ bzw. $Z = K \cdot \frac{p}{100} \cdot \frac{m}{12}$

berechnest du Tageszinsen bzw. Monatszinsen, dabei ist t die Anzahl der Zinstage, bzw. m die Anzahl der Zinsmonate.

Beispiel: Nehmen wir einmal an, dies wäre ein Kontoauszug von Katrins Sparbuch mit einem Zinssatz von 4 %.

Datum	Einzahlung	Auszahlung	Kontostand
1.1.			125 €
30.5.	750 €		
17.8.		200 €	
12.12.		150 €	
31.12.			

Wie ist ihr Kontostand am 31.12.?

Teile das Jahr in vier Zeitabschnitte:
1. Zeitabschnitt vom 01.01. bis 30.05.; das sind 5 Monate abzüglich des 31. Mai, also 149 Tage
2. Zeitabschnitt vom 30.05. bis 17.08.; das sind 2 Monate (Juni und Juli) und 17 Tage im August, also 77 Tage
3. Zeitabschnitt vom 17.08. bis 12.12.; das sind 115 Tage
4. Zeitabschnitt vom 12.12. bis 31.12.; das sind 19 Tage

Tage	Anfangs-kapital	Einzahlung/ Auszahlung	Kontostand vor Zins	Zins	Kontostand nach Zins
149	125 €		125	Z_1 = 2,07 €	127,07€
77	127,07€	+ 750 €	877,07	Z_2 = 7,50 €	884,57€
115	884,57€	− 200 €	684,57	Z_3 = 8,75 €	693,32€
19	693,32€	− 150 €	543,32	Z_4 = 1,15 €	544,47€

$Z_1 = 125 \cdot \frac{4}{100} \cdot \frac{149}{360} = 2{,}07\,€$; $Z_2 = 877{,}07 \cdot \frac{4}{100} \cdot \frac{77}{360} = 7{,}50\,€$;

$Z_3 = 684{,}57 \cdot \frac{4}{100} \cdot \frac{115}{360} = 8{,}75\,€$; $Z_4 = 543{,}32 \cdot \frac{4}{100} \cdot \frac{19}{360} = 1{,}15\,€$

Am 31.12. beträgt ihr Kontostand 544,47€.

1

Berechne die Zinsen von

a) 2160 € zu 4,5 % für ein Viertel Jahr,

b) 960 € zu 6 % für 5 Monate,

c) 5825 € zu 3,25 % für 245 Tage.

2

Karola hat am 1. April ein Sparkonto angelegt und 600 € eingezahlt. Wie viel Euro Zinsen erhält sie bei einem Zinssatz von 4 % am 31.12.?

3

Steffen hat 251 Tage lang seinen Lottogewinn von 5700 € bei einem Zinssatz von 2,2 % auf seinem Sparkonto liegen lassen.
Sein Freund rät ihm, das Geld für ein Jahr fest anzulegen, denn dann gibt ihm die Bank 3,7 %. Wie viel Euro beträgt der Unterschied?

4

Lisa hat 300 € auf ihrem Sparkonto. Am 15. März zahlt sie 2750 € auf ihr Konto ein. Sie überlegt sich 215 Tage lang, welchen MP3-Player sie sich kauft und hebt dann 350 € ab. Zu ihrem Geburtstag erhält sie 150 € von ihrer Patentante und bringt das Geld am 8.11. aufs Sparbuch. Wie ist ihr Kontostand am Ende des Jahres inklusive der Zinsen?

5

Rolf überlegt ob es sinnvoll ist, eine Rechnung über 4570 € sofort bar zu bezahlen und 3 % Skonto abzuziehen. Dafür müsste er allerdings sein Konto um 1980 € überziehen und 15 % Zinsen zahlen, oder die 20 Tage bis zum Fälligkeitstag zu warten, dann müsste er sein Konto nicht überziehen.

1

Punkte: max.2

Von 116 Schülern der Klassestufe 8 wählten 21% das Fach Musik, die anderen Bildende Kunst. Wie viele wählten Bildende Kunst?

2

Punkte: max.2

In einem Sportgeschäft werden Inliner um 35% auf 59,99 € herabgesetzt. Wie viel kosteten sie vorher?

3

Punkte: max.3

Der Preis für ein Scooterboard wurde von 149 € auf 69,99€ heruntergesetzt. Gib den Abnahmefaktor und den Preisnachlass in Prozent an.

4

Punkte: max.2

Die Mehrwertsteuer von 19% beträgt für ein Auto der Mittelklasse 5130 €. Wie viel kostet das Auto inklusive Mehrwertsteuer?

5

Punkte: max.2

2004 wurden in NRW 107608 Diebstahldelikte registriert; 2005 nur noch 99000 Fälle. Um wie viel Prozent haben die Delikte abgenommen?

6

Punkte: max.2

Wie viel Jahreszinsen erhältst du für 2500 € bei einem Zinssatz von 3,7%?

7

Punkte: max.4

Wie ist der Kontostand inklusive der Zinsen am Ende des Jahres?
Der Zinssatz beträgt 2,75%.

Datum	Einzahlung	Auszahlung	Kontostand
1.1.			1250 €
17.6.	235 €		
31.12.		75 €	

8

Punkte: max.3

Wie viele Tage lagen 10500€ auf einem Konto, wenn bei einem Zinssatz von 4,2% 200,90 € Zinsen gutgeschrieben wurden?

Gesamtpunkte: max.20

Aufgaben Nummer	erreichte Punktzahl von (...)	Lernerfolg	Lerneinheit abhaken ✓
1 2	_____ (2) _____ (2)	Wenn du die volle Punktzahl hast, dann kannst du auch Aufgaben zum Prozentrechnen lösen. Du darfst den Lernabschnitt abhaken.	7.1
3 4 5	_____ (3) _____ (2) _____ (2)	Wenn du in den Aufgaben 3,4 und 5 die volle Punktzahl hast, kannst du mit vermehrtem und vermindertem Grundwert umgehen und darfst den Lernabschnitt abhaken.	7.2
6	_____ (2)	Wenn du für Aufgabe 6 alle Punkte erhalten hast, kannst du den Lernabschnitt Jahreszinsen abhaken.	7.3
7 8	_____ (4) _____ (3)	Das Kapitel Tageszinsen ist ein anspruchsvolles Thema. Wenn du hier alle Punkte erhalten hast, kannst du dir gratulieren und den Lernabschnitt abhaken.	7.4

15 – 20 Punkte	8 – 14 Punkte	0 – 7 Punkte
Prima, du hast diesen Lernabschnitt gut verstanden! Nun kannst du beim nächsten Lernabschnitt weiter machen.	Du hast viel gelernt, aber es könnte auch besser sein. Wiederhole die Lernabschnitte noch einmal, die in deiner Checkliste nicht abgehakt sind.	Es gibt bei dir noch viele Unsicherheiten. Du musst noch mehr üben! Wiederhole die Lernabschnitte noch einmal, die in deiner Checkliste nicht abgehakt sind.

8 Daten

8.1 Daten erfassen

In diesem Kapitel lernst du statistische Erhebungen kennen, in denen Daten gesammelt werden.
Du lernst statistische Erhebungen auszuwerten, zu interpretieren und das Ergebnis darzustellen.
Daten sind z. B. Messergebnisse aus naturwissenschaftlichen Experimenten, Zählungen von Einwohnern oder Bürger eines Landes, Verkehrszählungen, Antworten von Umfragen, usw.

So werden Daten erhoben

Daten können durch einen Fragebogen oder mittels Strichlisten erfasst werden, z. B. bei Verkehrszählungen.
Oder man stellt eine Vermutung auf und macht dann Versuchsreihen oder Experimente dazu und notiert die Ergebnisse in Listen.
Du kannst auch die Natur beobachten, z. B. die Lufttemperatur bei bestimmten Tageszeiten messen und über einen gewissen Zeitraum die Messdaten in eine Liste eintragen.

Wichtige Begriffe bei der Erhebung von Daten

Urliste nennt man die ungeordnete Sammlung statistischer Ergebnisse.
In einer **Rangliste** ordnest du alle Werte der Größe nach.
Der höchste Wert wird als **Maximum**, der niedrigste Wert als **Minimum** bezeichnet.
Die Differenz zwischen Maximum und Minimum ist die **Spannweite**.

Beispiel: Du ordnest die Sprungweiten, die bei den Bundesjugendspielen erzielt wurden, um den besten Weitspringer der Klasse zu bestimmen.

1

Dein Mathematiklehrer sammelt in seinen Notenlisten alle Ergebnisse der vier bereits geschriebenen Klassenarbeiten. In der ersten Arbeit schrieben alle Schüler mit. Es gab 4 sehr gut, 6 gut, 9 befriedigend, 8 ausreichend und 3 mangelhaft. In der zweiten Arbeit fehlten zwei Schüler. Die Ergebnisse waren 2 sehr gut, 3 gut, 14 befriedigend, 7 ausreichend, 2 mangelhaft. Bei der dritten Arbeit waren vier Schüler krank. Die Noten waren folgende: 2 gut, 6 befriedigend, 12 ausreichend, 5 mangelhaft und 1 ungenügend.
In der letzten Arbeit schrieben alle 30 Schüler mit. Er gab 1 sehr gut, 4 gut, 15 befriedigend, 8 ausreichend und 2 mangelhaft.
Erstelle eine übersichtliche Tabelle.
Bestimme für jede Klassenarbeit den Klassendurchschnitt.
Welche Aussagen kannst du über die vier Klassenarbeiten machen?

2

Entwirf einen Fragebogen zum Thema „Essgewohnheiten von Jugendlichen". Überlege dir vorher, welche Fragen das Thema am besten erfassen.

3

Zeige am Beispiel einer Umfrage zum Thema „Schuluniform" wie du durch die Fragestellung das Ergebnis beeinflussen kannst.
Welchen Aussagen könnte man leicht zustimmen?
Welchen Aussagen stimmt man wahrscheinlich nicht so leicht zu?

8.2 Daten auswerten

Hier lernst du zu den bereits bekannten Kennwerten Maximum, Minimum, Spannweite und Mittelwert neue Kennwerte kennen.

Zentralwert und Quartile

Den Zentralwert findest du genau in der Mitte der Rangliste. (Anzahl der Rangplätze $\cdot \frac{1}{2}$ bei ungerader Anzahl, Mittelwert der beiden mittleren Werte bei gerader Anzahl).
Zur besseren Übersicht wird eine Rangliste oft in vier Abschnitte eingeteilt. Diese werden als „Quartile" bezeichnet

unteres Quartil oberes Quartil

1	2	3	4	5	6	7	8	9	10	11	12	13	14	15	16

unteres Viertel zentrale Hälfte oberes Viertel

Die Anzahl der Rangplätze (**n = 16**) multiplizierst du mit $\frac{1}{4}$, du erhältst das **untere Quartil** $\left(16 \cdot \frac{1}{4} = 4\right)$. Multiplizierst du die Anzahl der Plätze mit $\frac{3}{4}$, so erhältst du das **obere Quartil** $\left(16 \cdot \frac{3}{4} = 12\right)$.
Ist das Ergebnis keine ganze Zahl, so rundest du auf.
Den Bereich zwischen oberem und unterem Quartil nennt man die **zentrale Hälfte**. Hier befinden sich mindestens 50 % aller Daten.
Die Differenz zwischen unterem und oberem Quartil nennt man **Quartilabstand** $q = q_o - q_u$

Beispiel: Max und Werner sind in den großen Pausen mit einer Versuchsreihe beschäftigt. Sie untersuchen das Flugverhalten von Kirschsteinen.
Urliste:

Max	Werner
1,80 m; 2,76 m; 2,86 m; 3 m; 2,01 m, 3,02 m	**2,62 m; 1,71 m; 1,81 m; 2,95 m; 2,10 m**

Für die Rangliste ordnest du die Weiten nach ihrer Größe. Beginne mit der kleinsten Weite.

Rangplatz	1	2	3	4	5	6	7	8	9	10	11
	1,71	1,80	1,81	2,01	2,10	2,62	2,76	2,86	2,95	3,00	3,02

unteres Viertel ⊢—— zentrale Hälfte ——⊣ oberes Viertel

$q_u = 3$ | $q_o = 9$

Zentraler Wert

Das untere Quartil ist 1,81 m, das obere 2,95 m.
Bei der Auswertung der Rangliste siehst du, dass die Hälfte der Weiten zwischen 2,01 m und 2,86 m liegen.
Rund ein Viertel der Kirschsteine flog kürzer als 1,81 m bzw. weiter als 2,86 m.
Der Zentralwert, auf dem 6. Rang, ist 2,62 m und unterscheidet sich vom Mittelwert. Den Mittelwert errechnest du aus der Summe aller Weiten, geteilt durch die Anzahl der Versuche.

$$1{,}71 + 1{,}80 + \ldots = 26{,}64 : 11 = 2{,}42\,\text{m}$$

Bei den Ranglisten ist es von der Fragestellung abhängig, wie im Sport von der Disziplin, ob man mit dem Minimum (schnellste Zeit) auf Rang 1 kommt oder mit dem Maximum (der größten Weite) auf Rang 1 steht. Folglich musst du den Text der Aufgabe sorgfältig durchlesen, bevor du mit der Auswertung startest.

1

Erstelle von den folgenden Daten eine Rangliste. Ermittle den Zentralwert, Maximum und Minimum, sowie das untere und obere Quartil.
17 s, 11 s, 10 s, 11 s, 15 s, 12 s, 11 s, 13 s, 12 s, 15 s, 10 s.

2

Bei einem Stabhochsprungwettbewerb wurden von 8 Springern folgende Höhen übersprungen:
4,60; 480; 480; 490; 5,00; 5,00; 5,10; 5,30.
Entnimm der Rangliste Maximum und Minimum, Spannweite sowie die Quartile und den Zentralwert.

3

Für ein Fernsehgerät eines bestimmten Typs werden in 10 Geschäften die folgenden Verkaufspreise festgestellt:
495,–; 520,–; 530,–; 528,–; 460,–; 580,–; 510,–; 535,–; 498,–; 511,–.
Erstelle eine Rangliste und ermittle aus ihr Zentralwert, Maximum und Minimum, Spannweite sowie unteres und oberes Quartil.

8.3 Daten beurteilen und darstellen

Tabellen, Blockdiagramme, Säulendiagramme, Kreisdiagramme oder Kurven im Achsenkreuz kennst du bereits. Bei umfangreichen Datenmengen behältst du mit einem so genannten Boxplot-Diagramm die Übersicht.

So zeichnest du ein Boxplot-Diagramm

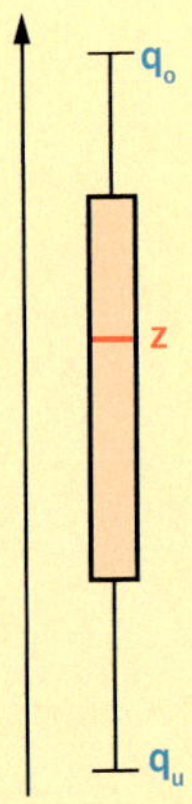

In einer Skala mit der Einheit der Messdaten, zeichnest du die Kennwerte ein. (Max, Min, q_u, q_o, Z)
Die zentrale Hälfte zwischen dem unteren und dem oberen Quartil bezeichnet man als **Box**.
Zwischen dem Minimum und dem unteren Quartil, sowie zwischen dem Maximum und dem oberen Quartil zeichnest du die **Antennen**.
Du kannst das Diagramm auch waagerecht anlegen.

Beispiel: Verena und Kirsten wollen sich in ihrer Schlagball Wurftechnik verbessern und üben vor den Bundesjugendspielen.
Sie schreiben die erzielten Weiten auf.

Verena
12 m; 17 m; 11,50 m; 16,50 m; 13 m; 11,70 m; 12,20 m; 13,40 m; 14,10 m

Kirsten
15,50 m; 10,50 m; 14,20 m; 15 m; 13,40 m; 16,70 m; 12,70 m; 14 m; 13 m

Zunächst ordnest du die Weiten in einer Rangliste und ermittelst dann die Kenndaten.

Verena			Kirsten		
Platz	Weite (in m)	Kenndaten	Platz	Weite (in m)	Kenndaten
9	17	Max	9	16,75	Max
8	16,50		8	15,50	
7	14,25	q_o	7	15	q_o
6	13,50		6	14,25	
5	13	z	5	14	z
4	12,25		4	13,50	
3	12	q_u	3	13	q_u
2	11,75		2	12,75	
1	11,50	Min	1	10,50	Min

Nun legst du eine Skala für die Weiten an und trägst alle Kennwerte ein.

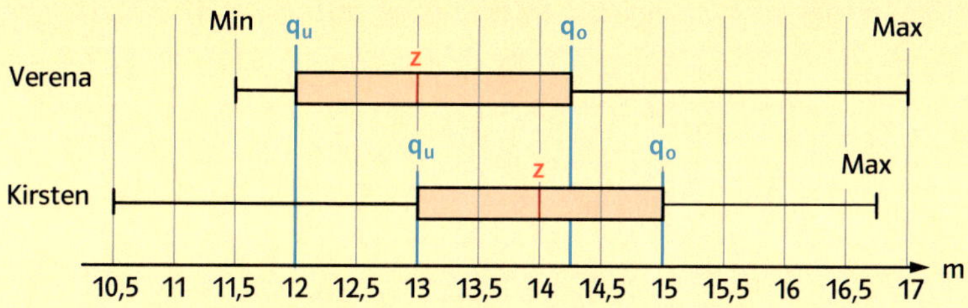

Die Auswertung zeigt, dass mindestens 25 % von Verenas Würfen unter 12 m liegen, bei Kirsten liegt ein Viertel ihrer Würfe unter 13 m. Rund die Hälfte von Kirstens Würfen landete zwischen 13 und 15 Metern, während Verena die Hälfte ihrer Würfe nur zwischen 12 m und 14,25 m platzieren konnte.
Kirsten zeigte eine bessere Dauerleistung, doch in einem Wettbewerb hätte Verena mit ihrem Topwurf von 17 m gewonnen.
Aus den durchschnittlichen Werten herausragende Werte nennt man in der Statistik „Ausreißer".

1

Herr Schmitthauser ärgert sich über die Raser in seiner verkehrsberuhigten Straße. Er setzt sich mit seinem Klappstuhl auf den Gehsteig und legt eine Strichliste der Raser über einen Zeitraum von 12 Tagen im Monat Juni an.

Tag	Raser	Tag	Raser
1	𝍸 𝍸 𝍸 𝍸 𝍸 I	7	𝍸 𝍸 𝍸 𝍸 𝍸
2	𝍸 𝍸 𝍸 II	8	𝍸 𝍸 𝍸 𝍸 III
3	𝍸 𝍸 𝍸 𝍸 𝍸 III	9	𝍸 𝍸 𝍸 𝍸 𝍸 IIII
4	𝍸 𝍸 𝍸 𝍸 IIII	10	𝍸 𝍸 𝍸 III
5	𝍸 𝍸 𝍸 IIII	11	𝍸 𝍸 III
6	𝍸 𝍸 𝍸 II	12	𝍸 𝍸 𝍸 𝍸 I

Nenne die Kennwerte und zeichne ein Boxplot.

2

Sebastian ärgert sich über die vielen SPAMs bei seinen E-Mails.
Er listet die Anzahl auf.

Bei wiederholter gleicher Anzahl, brauchst du jedes Mal einen Rangplatz! Z.B. 3 mal 7 ⇒ 3 Rangplätze

Tag	1	2	3	4	5	6	7	8	9
Anzahl	7	3	7	10	12	5	8	13	10

Tag	10	11	12	13	14	15	16	17
Anzahl	6	5	9	11	13	17	11	7

Erstelle eine Rangliste und zeichne ein Boxplot.

3

Der Klassenlehrer ärgert sich besonders über vier Schüler und Schülerinnen, die ständig zu spät in den Unterricht kommen.
Er listet die Versäumnisse über 15 Wochen auf.

	1	2	3	4	5	6	7	8	9	10	11	12	13	14	15
A	2	0	0	7	1	3	5	10	0	0	0	2	4	1	0
B	4	0	0	7	0	0	4	7	11	4	3	1	2	0	0
C	5	2	4	1	7	2	0	0	5	8	4	6	3	8	3
D	1	1	1	3	3	7	4	6	2	8	10	4	6	1	9

a) Wer kam am häufigsten zu spät?
b) Wie viel Mal kam jeder durchschnittlich pro Woche zu spät?
c) Erstelle eine Rangliste.
d) Ermittle die Kennwerte und zeichne die Boxplots.

4

Bei einer Befragung zum Altersaufbau eines Betriebs werden Altersklassen zu je 10 Jahren gebildet.

Altersklassen	Anzahl der Befragten
Von 25 bis 35 Jahre	4
über 35 bis einschließlich 45 Jahre	8
über 45 bis einschließlich 55 Jahre	13
über 55 bis einschließlich 65 Jahre	11

Wie hoch ist das Durchschnittsalter?
Zeichne ein Boxplot-Diagramm, in das du die Kennwerte einzeichnest.

1

Folgende Tabelle gibt die monatlichen Niederschläge einer westdeutschen Großstadt A und einer norddeutschen Großstadt B in mm an.

Monat	Jan	Feb	März	Apr	Mai	Juni	Juli	Aug	Sep	Okt	Nov	Dez
A	84	69	68	55	61	77	95	80	67	76	77	89
B	38	36	43	36	48	64	77	57	42	46	43	46

a) Bestimme den Durchschnitt für Stadt B.
b) Erstelle für Stadt A eine Rangliste und nenne Maximum, Minimum und Spannweite.
c) Vergleiche die Niederschläge der Sommermonate Juni, Juli, August in beiden Städten und schreibe drei Sätze dazu.

Punkte: max. 5

2

Das Thermometer zeigt während einer Woche folgende Temperaturen (in °C).

Zeit	So	Mo	Di	Mi	Do	Fr	Sa
8 Uhr	3,8	7,4	6,3	2,4	0,5	1,0	0,3
14 Uhr	11,2	11,0	12,1	10,4	5,9	5,8	3,9
20 Uhr	6,5	7,2	5,2	4,8	3,8	4,2	3,1

a) Berechne die mittlere Tagestemperaturen (Beachte, dass die Abendtemperatur doppelt zu rechnen ist, da nachts nicht gemessen wird.)
b) Berechne aus den mittleren Tagestemperaturen die mittlere Temperatur der Woche.
c) Erstelle aus den mittleren Tagestemperaturen ein Blockdiagramm.

Punkte: max. 5

3

a) Was ist ein Quartil?
b) Wie errechnest du den Quartilabstand?
c) Wo findest du die zentrale Hälfte?

Punkte: max. 3

4

Erstelle aus der Rangliste ein Boxplot.

Rangplatz	1	2	3	4	5	6	7	8	9	10	11	12
Ausg. in €	0	0	2	2	3	5	5	6	7	8	8	12

Punkte: max.3

5

Welche Kennwerte kannst du in den Boxplots ablesen?

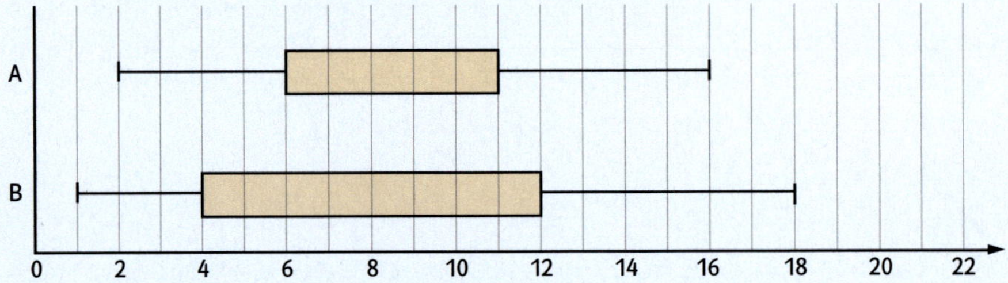

Punkte: max.4

Gesamtpunkte: max.20

Aufgaben Nummer	erreichte Punktzahl von (...)	Lernerfolg	Lerneinheit abhaken ✓
1 2	_____ (5) _____ (5)	Wenn du die volle Punktzahl in beiden Aufgaben erreicht hast, dann kannst du Daten erfassen, in entsprechende Ranglisten einteilen und Kennwerte ermitteln. Du darfst die Lernabschnitte abhaken.	8.1 8.2
3 4 5	_____ (3) _____ (3) _____ (4)	Wenn du in den Aufgaben 3, 4 und 5 die volle Punktzahl hast, kannst du erfasste Daten auswerten, Boxplots zeichnen und Kennwerte aus Boxplots ablesen. Du darfst den Lernabschnitt abhaken.	8.3

15 – 20 Punkte	8 – 14 Punkte	0 – 7 Punkte
Prima, du hast diesen Lernabschnitt gut verstanden! Nun kannst du beim nächsten Lernabschnitt weiter machen.	Du hast viel gelernt, aber es könnte auch besser sein. Wiederhole die Lernabschnitte noch einmal, die in deiner Checkliste nicht abgehakt sind.	Es gibt bei dir noch viele Unsicherheiten. Du musst noch mehr üben! Wiederhole die Lernabschnitte noch einmal, die in deiner Checkliste nicht abgehakt sind.

Lösungen
ABER WIR HABEN GEHÖRT, DASS ES HIER LÖSUNGEN FÜR KÖRPER UND BRÜCHE GIBT.

Lösungen

1 Rechnen mit Termen

1.1 Vorkenntnisse

1

a) $\frac{7}{12} + \frac{3}{8} = \underbrace{\frac{7 \cdot 2}{12 \cdot 2}}_{\text{erweitert mit 2}} + \underbrace{\frac{3 \cdot 3}{8 \cdot 3}}_{\text{erweitert mit 3}} = \frac{14}{24} + \frac{9}{24} = \frac{14 + 9}{24} = \frac{23}{24}$

b) $1\frac{2}{3} - \frac{7}{9} = 1\frac{2 \cdot 3}{3 \cdot 3} - \frac{7}{9} = \underbrace{1\frac{6 - 7}{9} = \frac{15 - 7}{9}}_{\text{Das Ganze wird in Neuntel umgewandelt.}} = \frac{5}{9}$

c) $2\frac{8}{15} - 1\frac{1}{6} = 1\frac{8 \cdot 2}{15 \cdot 2} - \frac{1 \cdot 5}{6 \cdot 5} = 1\frac{16 - 6}{30} = 1\frac{11}{30}$

d) $\frac{51}{64} + \frac{53}{56} = \frac{51 \cdot 7}{64 \cdot 7} + \frac{53 \cdot 8}{56 \cdot 8} = \frac{357 + 424}{448} = \frac{781}{448} = 1\frac{333}{448}$

Den gemeinsamen Hauptnenner findest du, wenn du beide Nenner in möglichst kleine Faktoren zerlegst:

$64 = 2 \cdot 32 = 2 \cdot 2 \cdot 16 = 2 \cdot 2 \cdot 2 \cdot 8$

$56 = 2 \cdot 28 = 2 \cdot 2 \cdot 14 = 2 \cdot 2 \cdot 2 \cdot 7$

Aus jeder Zahlenspalte nimmst du eine Zahl:

Hauptnenner: $2 \cdot 2 \cdot 2 \cdot 8 \cdot 7 = 448$,

du musst also $\frac{51}{64}$ mit 7 erweitern und $\frac{53}{56}$ mit 8.

2

a) $\frac{3}{7} \cdot \frac{7}{9} = \underbrace{\frac{3 \cdot 7}{7 \cdot 9}}_{\text{kürzen}} = \frac{1}{3}$

b) $\underbrace{\frac{25}{36} \cdot \frac{48}{45}}_{\text{kürzen}} = \underbrace{\frac{5 \cdot 8}{6 \cdot 9}}_{\text{nochmal kürzen}} = \frac{5 \cdot 4}{3 \cdot 9} = \frac{20}{27}$

c) $\underbrace{1\frac{3}{17} \cdot 2\frac{4}{15}}_{\text{gemischte Zahlen immer in unechte Brüche umwandeln}} = \underbrace{\frac{29}{17} \cdot \frac{24}{15}}_{\text{kürzen}} = \underbrace{\frac{8}{3} = 2\frac{2}{3}}_{\text{unechte Brüche zurück verwandeln.}}$

d) $3\frac{4}{27} \cdot 1\frac{6}{51} = \frac{85}{27} \cdot \frac{57}{51} = \frac{95}{27} = 3\frac{14}{27}$

3

a) $\frac{7}{12} : \frac{3}{4} = \frac{7}{12} \cdot \frac{4}{3} = \frac{7}{9}$

b) $\frac{48}{45} : \frac{20}{27} = \frac{48}{45} \cdot \frac{27}{20} = \frac{12 \cdot 3}{5 \cdot 5} = \frac{36}{25} = 1\frac{11}{25}$

c) $2\frac{2}{3} : 2\frac{4}{15} = \frac{8}{3} : \frac{34}{15} = \frac{8}{3} \cdot \frac{15}{34} = \frac{4 \cdot 5}{1 \cdot 17} = \frac{20}{17} = 1\frac{3}{17}$

d) $3\frac{14}{27} : 1\frac{2}{17} = \frac{95}{27} : \frac{19}{17} = \frac{95}{27} \cdot \frac{17}{19} = \frac{5 \cdot 17}{27 \cdot 1} = \frac{85}{27} = 3\frac{4}{27}$

4

a) $(-21) - (+14) + (-35) - (-117) = -21 - 14 - 35 + 117 = 47$

b) $(+72) + (-38) - (+93) - (-57) = 72 - 38 - 93 + 57 = -2$

c) $(-13) + (-24) + (-55) + (-41) = -13 - 24 - 55 - 41 = -133$

d) $(-57) + (+12) - (-33) - (+45) = -57 + 12 + 33 - 45 = -57$

5

a) $(+17)\cdot(-5) = -85$
b) $(-24)\cdot(-4) = +96$
c) $(-27)\cdot(+15) = -405$
d) $35\cdot(-42) = -1470$
e) $156:(-12) = -13$
f) $(367{,}65):(57) = +6{,}45$

6

a) $(-406{,}9):(+31{,}8) = -12{,}795597\ldots \approx -12{,}80$
b) $281{,}7:(-17{,}5) = -16{,}097143\ldots \approx -16{,}10$
c) $(296{,}8 - 805{,}1):36{,}5 = -508{,}3:36{,}5 = -13{,}926027\ldots \approx -13{,}93$
d) $(321 - 66):(515 - 478) = 255:37 = 6{,}891891\ldots \approx 6{,}89$

7

a) $-10 - (2{,}4 - 7\cdot(6{,}8 - 9{,}2))$
$= -10 - (2{,}4 - 7\cdot(-2{,}4))$
$= -10 - (2{,}4 + 16{,}8)$
$= -10 - 19{,}2 = -29{,}2$

b) $20{,}42 + (7{,}1\cdot(-4{,}7) - (2{,}4\cdot(-1{,}5) - 8{,}35))$
$= 20{,}42 + (-33{,}37 - (-3{,}6 - 8{,}35))$
$= 20{,}42 + (-33{,}37 + 11{,}95)$
$= 20{,}42 - 21{,}42 = -1$

c) $-\left(\frac{2}{3} - \frac{1}{5}\right) + \left(\frac{1}{5} - \frac{2}{3}\right) = -\left(\frac{2\cdot5}{3\cdot5} - \frac{1\cdot3}{5\cdot3}\right) + \left(\frac{1\cdot3}{5\cdot3} - \frac{2\cdot5}{3\cdot5}\right) = -\left(\frac{10-3}{15}\right) + \left(\frac{3-10}{15}\right) = -\frac{7}{15} - \frac{7}{15} = -\frac{14}{15}$

8

a) $7a + 6b - 4a + 3b$
$= 7a - 4a + 6b + 3b$
$= 3a + 9b = 3\cdot(a + 3b)$

b) $4a\cdot(3a - 7) + 3\cdot(4a + 7)$
$= 12a^2 - 28a + 12a + 21$
$= 12a^2 - 16a + 21$

9

a) $(14a - 7b)\cdot 3$ für $a = 2{,}5$ und $b = 7{,}5$
$(14\cdot 2{,}5 - 7\cdot 7{,}5)\cdot 3$
$= (35 - 52{,}5)\cdot 3$
$= (-17{,}5)\cdot 3 = -52{,}5$
Beachte: 14a heißt immer $14\cdot a$ und $7b = 7\cdot b$

b) $(2x - 6) + (4y + 4)\cdot\frac{1}{3}$ für $x = \frac{1}{3}$ und $y = \frac{3}{4}$
$= \left(2\cdot\frac{1}{3} - 6\right) + \left(4\cdot\frac{3}{4} + 4\right)\cdot\frac{1}{3}$
$= \left(\frac{2}{3} - \frac{18}{3}\right) + (3 + 4)\cdot\frac{1}{3}$
$= -\frac{16}{3} + \frac{7}{3} = -\frac{9}{3} = -3$

1.2 Ausmultiplizieren und Ausklammern

1

a) $8 \cdot (3x - 4y) = 8 \cdot 3x - 8 \cdot 4y$ $= 24x - 32y$

b) $5 \cdot (4x + 3y - 7z) = 5 \cdot 4x + 5 \cdot 3y - 5 \cdot 7z$ $= 20x + 15y - 35z$

c) $6a \cdot (2b - 5c) = 6a \cdot 6b - 6a \cdot 5c$ $= 36ab - 30ac$

d) $7xy \cdot (x + 3y) = 7xy \cdot x + 7xy \cdot 3y$ $= 7x^2y + 21xy^2$

e) $(-1) \cdot (3x - 2) = (-1) \cdot 3x - (-1) \cdot 2$ $= -3x + 2$

f) $4x - (3x - 2) = 4x - 3x + 2$ $= x + 2$

Es ist hilfreich, wenn du die Variablen immer dem Alphabet nach ordnest.

Beispiel: ***3ab + 5ba***

Siehst du hier gleich, dass du die beiden Summanden zusammenfassen kannst?

Besser ist es, wenn du schreibst: ***3ab + 5ab*** *= 8ab, denn ab = ba.*

2

a) $7ab \cdot (5 - 3a + 9b) = 7ab \cdot 5 - 7ab \cdot 3a + 7ab \cdot 9b = 35ab - 21a^2b + 63ab^2$

b) $8xy \cdot (3y + 5x - 6) = 8xy \cdot 3y + 8xy \cdot 5x - 8xy \cdot 6 = 24xy^2 + 40x^2y - 48xy$

c) $-6abc \cdot (9ab + 3b - 8c + 10) = -6abc \cdot 9ab + (-6abc) \cdot 3b - (-6abc) \cdot 8c + (-6abc) \cdot 10$

$= -54a^2b^2c - 18ab^2c + 48abc^2 - 60abc$

d) $x \cdot (2y - 3z) - y(z + 2x) + z(3x + y) = 2xy - 3xz - yz - 2xy + 3xz + yz = 0$

3

a) $42a + 28b - 14c = 7 \cdot 6a + 7 \cdot 4b - 7 \cdot 2c = 7(6a + 4b - 2c)$

b) $16x - 8 = 8 \cdot 2x - 8 \cdot 1 = 8(2x - 1)$

c) $3x - 12y + 2x + 7y + 5 = 3x + 2x - 12y + 7y + 5 = 5x - 5y + 5 = 5(x - y + 1)$

4

a) $12a + 15b = 3(4a + 5b)$

b) $2xy - 10y^2 = 2y(x - 5y)$

c) $-8a + 6ab = 2a(-4 + 3b)$

d) $-8a - 6ab = -2a(4 + 3b)$ oder $2a(-4 - 3b)$

e) $-7s^2 - 21rs = -7s(s + 3r)$ oder $7s(-s - 3r)$

f) $a^2b + ab^2 = ab(a + b)$

5

a) $2ab + 4ac + 3b + 6c$

$= 2a(b + 2c) + 3(b + 2c)$

$= (b + 2c)(2a + 3)$

b) $5yz - 15y - 2xz + 6xy$

$= 5y(z - 3y) - 2x(z - 3y)$

$= (z - 3y)(5y - 2x)$

1.3 Multiplizieren von Summen

1

a) $(3 - x) \cdot (y + 7) = 3y + 21 - xy - 7x$

b) $(4a + 10b) \cdot (2a - 5b) = 8a^2 - 20ab + 20ab - 50b^2 = \mathbf{8a^2 - 50b^2}$

c) $(6x + 9) \cdot (6x + 9) = 36x^2 + 54x + 54x + 81 = \mathbf{36x^2 + 108x + 81}$

d) $(2y - 4x) \cdot (2y + 4x) = 4y^2 + 8xy - 8xy - 16x^2 = \mathbf{4y^2 - 16x^2}$

2

Multipliziere die Klammern und fasse zusammen.

a) $(3 + 4x) \cdot (2 - 7x + 4y) = 6 - 21x + 12y + 8x - 28x^2 + 16xy = \mathbf{-28x^2 + 16xy - 13x + 12y}$

b) $(2x + 1) \cdot (3x - y + 2) = 6x^2 - 2xy + 4x + 3x - y + 2 = \mathbf{6x^2 - 2xy + 7x - y + 2}$

c) $(8 + x - 3y) \cdot (2 + x) = 16 + 2x - 6y + 8x + x^2 - 3xy = \mathbf{16 + 10x + x^2 - 6y - 3xy}$

d) $(7y + 4z) \cdot (2x - 3y - 4z) = 14xy - 21y^2 - 28yz + 8xz - 12yz - 16z^2 = \mathbf{14xy - 21y^2 + 8xz - 40yz - 16z^2}$

3

a) $(4a - 6) \cdot (2b + 5) + 5 \cdot (6a - 3b)$

$= 8ab + 20a - 12b - 30 + 30a - 15b$

$= 8ab + 50a - 27b - 30$

b) $(6a - 4) \cdot (4b + 6) - (2b + 3) \cdot (3a + 2)$

$= 24ab + 36a - 16b - 24 - (6ab + 4b + 9a + 6)$

$= 24ab + 36a - 16b - 24 - 6ab - 4b - 9a - 6$

$= 27a + 18ab - 20b - 30$

Wenn du die Minusklammer $-(2b+3)$ ausmultiplizierst, so lasse zunächst das Ergebnis $(6ab + 4b + 9a + 6)$ in einer Klammer stehen und multipliziere dann erst mit dem Minus in die Klammer. So vermeidest du Vorzeichenfehler.

c) $(13 + 3a) \cdot (5b + 1) - (5a + 3) \cdot (3b - 13)$

$= 65b + 13 + 15ab + 3a - (15ab - 65a + 9b - 39)$

$= 65b + 13 + 15ab + 3a - 15ab + 65a - 9b + 39$

$= 68a + 56b + 52$

d) $(7x - 3y) \cdot (7x + 3y) + (3x - 7y) \cdot (3x + 7y)$

$= 49x^2 + 21xy - 21xy - 9y^2 + 9x^2 + 21xy - 21xy - 49y^2$

$= 58x^2 - 58y^2$

4

a) $5 \cdot (7a + 4b) \cdot (a + 2b) + (2a - 8b) \cdot (5a + 3b)$

$= 5(7a^2 + 14ab + 4ab + 8b^2) + 10a^2 + 6ab - 40ab - 24b^2$

$= 35a^2 + 70ab + 20ab + 40b^2 + 10a^2 + 6ab - 40ab - 24b^2$

$= 45a^2 + 56ab + 16b^2$

Wenn bei Klammerfaktoren noch ein Zahlenfaktor steht, dann multiplizierst du zuerst die Klammern und schreibst das Ergebnis in eine gemeinsame Klammer. Erst in einem zweiten Schritt multiplizierst du mit der Zahl in die Klammer.

b) $2 \cdot (3x + 2) \cdot (7x - 4) + (2x - 3) \cdot (4x + 7)$

$= 2(21x^2 - 12x + 14x - 8) + 8x^2 + 14x - 12x - 21$

$= 42x^2 - 24x + 28x - 16 + 8x^2 + 14x - 12x - 21$

$= 50x^2 + 6x - 37$

c) $7 \cdot (3a - 5b) \cdot (4b + 2a) - (4a + 5b)(a - b) \cdot 2$

$= 7 \cdot (12ab + 6a^2 - 20b^2 - 10ab) - (4a^2 - 4ab + 5ab - 5b^2) \cdot 2$

$= 7 \cdot (6a^2 + 2ab - 20b^2) - 2 \cdot (4a^2 + ab - 5b^2)$

$= 42a^2 + 14ab - 140b^2 - 8a^2 - 2ab + 10b^2$

$= 34a^2 + 12ab - 130b^2$

Ein Zahlenfaktor kann vor oder hinter einer Klammer stehen. Du kannst Faktoren einfach vertauschen (Kommutativgesetz). In Aufgabe 4 c) ist es geschickter, die 2 zusammen mit dem Minus in die Klammer reinzumultiplizieren.

d) $3 \cdot (x - 4) \cdot (x + 2) - 7 \cdot (4x + 3) \cdot (1 + x)$

$= 3(x^2 + 2x - 4x - 8) - 7(4x + 4x^2 + 3 + 3x)$

$= 3(x^2 - 2x - 8) - 7(4x^2 + 7x + 3)$

$= 3x^2 - 6x - 24 - 28x^2 - 49x - 21$

$= -25x^2 - 55x - 45$

5

Das 11-fache einer Zahl:	$11x$	$11x - 8(x + 2) = 56$	
die um 2 vergrößerte Zahl:	$(x + 2)$	$11x - 8x - 16 = 56$	$\mid +16$
das Achtfache der um 2 vergrößerten Zahl:	$8(x + 2)$	$3x = 72$	$\mid :3$
		$x = 24$	

Antwort: Die gesuchte Zahl heißt 24.

6

Das Doppelte einer Zahl: $2x$

die Summe aus der Zahl und einunddreißig: $(x + 31)$

der sechste Teil der Summe: $(x + 31):6$

das Doppelte dieser um 4 verminderten Zahl: $2 \cdot (x - 4)$

$$2x - (x + 31):6 = 2(x - 4)$$
$$2x - \frac{x}{6} - \frac{31}{6} = 2x - 8 \quad | -2x$$
$$-\frac{x}{6} - \frac{31}{6} = -8 \quad | +\frac{31}{6}$$
$$-\frac{x}{6} = \frac{31}{6} - 8 \quad | \cdot(-6)$$
$$x = -31 + 48$$
$$x = 17$$

Antwort: Die gesuchte Zahl heißt 17.

7

Tina ist x Jahre alt.
Vater ist 3x Jahre alt.
In vier Jahren ist Herr Krause 3x + 4 Jahre alt.

$$3x + 4 = 8(x - 7)$$
$$3x + 4 = 8x - 56 \quad | +56 - 3x$$
$$4 + 56 = 8x - 3x$$
$$60 = 5x \quad | :5 \text{ und Seiten tauschen}$$
$$x = 12$$

Antwort: Tina ist heute 12, ihr Vater 36 Jahre alt.

1.4 Binomische Formeln

1

a) $(x + 4)^2 = x^2 + 8x + 16$

b) $(a - 6)^2 = a^2 - 12a + 36$

c) $(2a - 3b)(2a + 3b) = 4a^2 - 9b^2$

d) $(3x + 2y)^2 = (9x^2 + 12xy + 4y^2)$

e) $(4z + 3u)(4z + 3u) = (4z + 3u)^2$

f) $(0{,}5s - 0{,}25v)^2 = 0{,}25s^2 - 0{,}25sv + 0{,}0625v^2$

2

a) $x^2 + 10x + 25$ b) $2a^2 + 12ab + 9b^2$ c) $x^2 - 30x + 225$ d) $16x^2 - 40xy + 25y^2$

3

a) $a^2 - 4b^2$ b) $9x^2 - 16y^2$ c) $25p^2 - 49q^2$

Manchmal musst du die Summanden vertauschen, damit du die Form $(a + b)(a - b)$ erhältst.
In Aufgabe 2 d) entspricht $(-5y)$ dem a und 6x dem b in der Formel.

d) $(6x - 5y)(-5y - 6x) = (-5y + 6x)(-5y - 6x) = 25y^2 - 36x^2$

e) $\frac{1}{9}x^2 - \frac{4}{25}y^2$

4

a) $4(3y-4z)^2$
$= 4(9y^2 - 24yz + 16z^2)$
$= 36y^2 - 96yz + 64z^2$

b) $3c(5a+7b)^2$
$= 3c(25a^2 + 70ab + 49b^2)$
$= 75a^2c + 210abc + 147b^2c$

c) $(8x-7y)^2 \cdot 2z$
$= (64x^2 - 112xy + 49y^2) \cdot 2z$
$= 128x^2z - 224xyz + 98y^2z$

5

a) $(x+6)^2 - (x+8)^2$
$= x^2 + 12x + 36 - (x^2 + 16x + 64)$
$= x^2 + 12x + 36 - x^2 - 16x - 64$
$= -4x - 28$ *oder weiter:* $= -4(x+7)$

b) $(2x-9)^2 - (3x-5)^2$
$= 4x^2 - 36x + 81 - (9x^2 - 30x + 25)$
$= 4x^2 - 36x + 81 - 9x^2 + 30x - 25$
$= -5x^2 - 6x + 56$

c) $(169 + 26x + x^2) - (x+13)^2$
$= 169 - 26x + x^2 - (x^2 + 26x + 169)$
$= 169 - 26x + x^2 - x^2 - 26x - 169$
$= 0$
Vielleicht hast du bemerkt, dass sich die erste Klammer des Terms in ein Binom umwandeln lässt, der dem in der zweiten Klammer gleicht, wenn du die Summanden vertauschst.
$(13+x)^2 - (x+13)^2 = 0$
Dann hättest du dir die Rechnung ersparen dürfen.

d) $3(4x-2y)^2 - (32x^2 - 32xy + 8y^2)$
Wenn du aus der zweiten Klammer 2 ausklammerst, dann erhältst du dasselbe Binom wie in der ersten Klammer:
$= 3(16x^2 - 16x + 4y^2) - 2(16x^2 - 16x + 4y^2)$
$= 3(\ldots) - 2(\ldots) = 1(\ldots)$
$= 16x^2 - 16x + 4y^2$
Das ist der clevere Weg. Es gibt natürlich auch den herkömmlichen:
$= 3(16x^2 - 16x + 4y^2) - 2(16x^2 - 16x + 4y^2)$
$= 48x^2 - 48x + 12y^2 - 32x^2 + 32x - 8y^2$
$= 16x^2 - 16x + 4y^2$

1.5 Faktorisieren mit binomischen Formeln

1

a) ja, 1. binom. Formel
b) nein, falsches Vorzeichen bei b^2
c) nein, wegen a^3
d) nein, wegen b
e) nein, doppeltes Produkt stimmt nicht
f) nein, wegen y^3

2

a) $a^2 + 24a + 144$
$= (a+12)^2$

b) $b^2 - 8b + 16$
$= (b-4)^2$

c) $2a^2 + 12ab + 18b^2$
$= 2(a^2 + 6ab + 9b)$
$= 2(a+3b)^2$

d) $5p^2 - 20pq + 20q^2$
$= 5(p^2 - 4pq + 4q^2)$
$= 5(p-2q)^2$

e) $x^2 + 3x + 2{,}25$
$= (x+1{,}5)^2$

f) $k^2 - 5k + 6{,}25$
$= (k-2{,}5)^2$

g) $4x^2 - 16x + 16$
$= (2x - 4)^2$

h) $25a^2 - 30ab + 9b^2$
$= (5a - 3b)^2$

i) $48x^2 + 120xy + 75y^2$
$= 3(16x^2 + 40xy + 25y^2)$
$= 3(4x + 5y)^2$

3

a) $x^2 + 8x + 16 = 0$
$(x + 4)^2 = 0$
$(x + 4)(x + 4) = 0$
Beide Klammerrn gleich:
$(x + 4) = 0$
$x = -4$

b) $x^2 - 10x + 25 = 0$
$(x - 5)^2 = 0$
$(x - 5) = 0$
$x = +5$

c) $x^2 - 25 = 0$
$x^2 = 25$
$x_1 = 5$
$x_2 = -5$

d) $64x^2 - 25 = 0$
$(8x - 5)(8x + 5) = 0$
1. Klammer = 0: $(8x_1 - 5) = 0$
2. Klammer = 0: $(8x_2 + 5) = 0$
$\Rightarrow$ $x_1 = \frac{5}{8}$
$x_2 = -\frac{5}{8}$

e) $a^2 - 0{,}04 = 0$
$(a + 0{,}2)(a - 0{,}2) = 0$
Jede Klammer wird = 0 gesetzt und nach a aufgelöst ⇒
$a_1 = -0{,}2$
$a_2 = 0{,}2$

f) $72x^2 - 648 = 0$
$8 \cdot (9x^2 - 81) = 0$
$8(3x + 9)(3x - 9) = 0 \quad | :8$
$(3x + 9)(3x - 9) = 0$
Jede Klammer wird = 0 gesetzt und nach x aufgelöst ⇒
$x_1 = -\frac{9}{3} = -3$
$x_2 = +\frac{9}{3} = +3$

4

a) $2 \cdot (x + 2)^2 = x^2 - 4$
Die rechte Seite ist ein drittes Binom:
$2 \cdot (x + 2)^2 = (x + 2)(x - 2)$
Du siehst, dass $x = -2$ eine Lösung ist, da $2 \cdot (-2 + 2)^2 = 0$ und $(-2 + 2) \cdot (-2 - 2) = 0$ gilt. Zweite Lösung:
$$\frac{2 \cdot (x + 2)^2}{(x + 2)} = \frac{(x + 2)(x - 2)}{(x + 2)} \quad | :(x + 2)$$
$2 \cdot (x + 2) = (x - 2)$
$2x + 4 = x - 2 \quad | -x - 4$
$x = -6$

b) $(x + 2)^2 + 256 = 2x^2 + 4x + 4$
Du bist jetzt sicher auf der Suche, einen anderen Weg zu finden, als den normalen!
Versuche es einmal, indem du auf der rechten Seite aus $2x^2 = x^2 + x^2$ machst.
$(x + 2)^2 + 256 = x^2 + x^2 + 4x + 4$ **Binom!**
$(x + 2)^2 + 256 = x^2 + (x + 2)^2 \quad | - (x + 2)^2$
$256 = x^2$
$x = \pm 16$

Test

1

a) $\frac{5}{8} + \frac{7}{12} = \frac{5\cdot 3}{8\cdot 3} + \frac{7\cdot 2}{12\cdot 2} =$

$\frac{15+14}{24} = \frac{29}{24} =$

$\frac{24+5}{24} = \frac{24}{24} + \frac{5}{24} = 1\frac{5}{24}$

Hauptnenner: 24, weil 3 · 8 = 24 und 2 · 12 = 24
Beide Brüche erweitern.
Auf einen gemeinsamen Bruchstrich schreiben.
Den Zähler addieren, den Nenner beibehalten.
Das Ergebnis ist ein unechter Bruch, d. h. der Zähler ist größer als der Nenner. Unechten Bruch in eine gemischte Zahl umwandeln.

b) $3\frac{1}{5} - \frac{7}{15} = 3\frac{3}{15} - \frac{7}{15}$

$3\frac{3-7}{15} =$

$2\frac{18-7}{15} = 2\frac{11}{15}$

Hauptnenner: 15, weil 3 · 5 = 15. Ersten Bruch erweitern. Die Ganze davor stehen lassen.
Auf einen gemeinsamen Nenner schreiben.
Da der Subtrahend kleiner als der Minuend, musst du von den drei Ganzen ein Ganzes $\left(=\frac{15}{15}\right)$ entleihen und zum Subtrahend dazurechnen.

c) $1\frac{3}{24} \cdot \frac{16}{54} = \frac{24+3}{24} \cdot \frac{16}{54}$

$= \frac{27}{24} \cdot \frac{16}{54}$

$= \frac{27\cdot 16}{24\cdot 54} = \frac{1\cdot 2}{3\cdot 2} = \frac{1}{3}$

Vor dem Multiplizieren müssen alle gemischten Zahlen in unechte Brüche umgewandelt werden.
Beide Brüche auf einen gemeinsamen Bruchstrich schreiben. Kürzen: 16 und 24 mit 8, 27 und 54 mit 27. Noch einmal kürzen mit 2.

d) $2\frac{12}{25} : 1\frac{49}{75} = \frac{62}{25} : \frac{124}{75} =$

$\frac{62}{25} \cdot \frac{75}{124} = \frac{62\cdot 75}{24\cdot 124} =$

$\frac{1\cdot 3}{1\cdot 2} = \frac{3}{2} = 1\frac{1}{2}$

Auch vor dem Dividieren müssen alle gemischten Zahlen in unechte Brüche umgewandelt werden. Mit dem Kehrbruch des Divisors multiplizieren. Kürzen: 62 und 124 mit 62, 75 und 25 mit 25.
Es entsteht ein unechter Bruch, den du in eine gemischte Zahl umwandelst.

e) $54 - (-17) + (-26)$

$= 54 + 17 - 26 = 45$

Beachte $-(-17) = +17$, weil: „Minus mal Minus ergibt Plus"

f) $(473 - 328) : (17 - 75)$

$= 145 : (-58)$

$= -2{,}5$

Was in Klammer steht, wird zuerst gerechnet.
Bei der Division von ganzen Zahlen verrechnest du die Vorzeichen erst im Ergebnis. „Plus durch Minus ergibt Minus"

2

a) $5 \cdot (7x - 3y) + 2 \cdot (4x - 3y) = 35x - 15y + 8x - 6y = 43x - 21y$

b) $27a - 18ab = 3 \cdot 9a - 2 \cdot 9ab = 9a(3 - 2b)$

c) $4xy \cdot (35 - 17x + 23y) = 140xy - 68x^2y + 92\,xy^2$

d) $(36ab - 45a^2) + (12b^2 - 15ab)$

$= 9a(4b - 5a) + 3b(4b - 5a)$

$= (4b - 5a)(9a + 3b)$

Du kannst jeweils zwei Summenden zusammenfassen und gemeinsame Faktoren ausklammern. So entstehen zwei gleiche Klammern (4b − 5a), die du noch einmal aufklammern kannst. Aus einer Summe hast du so ein Produkt gemacht.

3

a) $(12a - 21b) \cdot (7a + 9b)$
$= 84a^2 - 147ab + 108ab - 189b^2$
$= 84a^2 - 39ab - 189b^2$

Ausmultiplizieren
Gleiche Glieder zusammenfassen:
$-147ab + 108ab = -39ab$

b) $(4x + 15y) \cdot (7x - 18y) - (7x + 33y) \cdot x$
$= 28x^2 + 105xy - 72xy - 270y^2 - 7x^2 - 33xy$
$= 21x^2 - 270y^2$

Ausmultiplizieren
Gleiche Glieder zusammenfassen:
$105xy - 72xy - 33xy = 0xy$
$28x^2 - 7x^2 = 21x^2$

c) $(3m - 8n)(7n - 2m) - 3(m + 5n)(4m - 2n)$
$= 21mn - 56n^2 - 6m^2 + 16mn - 3(4m^2 + 20mn - 2mn - 10n^2)$
$= 37mn - 56n^2 - 6m^2 - 12m^2 - 54mn + 30n^2$
$= -18m^2 - 17mn - 26n^2$

Ausmultiplizieren, zusammenfassen:
$37mn - 54mn = -17mn$
$-56n^2 + 30n^2 = -26n^2$
$-6m^2 - 12m^2 = -18m^2$

4

a) $(x + 7y)^2 = x^2 + 14xy + 49y^2$ — *1. binomische Formel anwenden*

b) $(6x - 8y)^2 = 36x^2 - 96xy + 64y^2$ — *2. binomische Formel anwenden*

c) $(12a + 9b) \cdot (12a - 9b) = 144a^2 - 81b^2$ — *3. binomische Formel anwenden*

d) $\frac{(3x - 2)^2}{9x^2 - 4} = \frac{(3x - 2)(3x - 2)}{(3x - 2)(3x + 2)} = \frac{3x - 2}{3x + 2}$

Wandle den Nenner gemäß der 3. binomischen Formel um. Nun kannst du (3x − 2) kürzen.

5

a) $4x^2 - 20x + 25 = (2x - 5)^2$ — *2. binomische Formel anwenden*

b) $16a^2 + 104ab + 169b^2 = (4a + 13b)^2$ — *1. binomische Formel anwenden*

c) $48x^2 - 144x + 108 = 12(4x^2 - 12x + 9)$
$= 12(2x - 3)^2$

12 ausklammern, dann entsteht als Rest ein Term, den du nach der 2. binomischen Formel umwandeln kannst.

2 Gleichungen

2.1 Gleichungen lösen

1

a) $x + 31 = 5 \quad | -31$
$x = 5 - 31$
$x = -26$

b) $x - 1{,}6 = 37{,}5 \quad | +1{,}6$
$x = 37{,}5 + 1{,}6$
$x = 39{,}1$

c) $2x - 26 = 9 + x \quad | +26 - x$
$2x - x = 9 + 26$
$x = 35$

d) $(3 - x) \cdot 4 = 5x - 24$
$12 - 4x = 5x - 24 \quad | +4x + 24$
$12 + 24 = 5x + 4x$
$36 = 9x \quad | :9$
$4 = x$ oder $x = 4$

2

a) $16x + 14 - 3x = \frac{1}{7}(392 + 56x) - x$
$16x - 3x + 14 = 56 + 8x - x$
$13x + 14 = 56 + 7x \quad | -14 - 7x$
$13x - 7x = 56 - 14$
$6x = 42 \quad | :6$
$x = 7$

b) $40 \cdot (x + 0{,}6) - 6 \cdot (x - 8) = 174$
$40x + 24 - 6x + 48 = 174$
$40x - 6x + 24 + 48 = 174$
$34x + 72 = 174 \quad | -72$
$34x = 102 \quad | :34$
$x = 3$

c) $(x - 2) \cdot 4 + (x + 5) \cdot 2 = 5 \cdot (24 - 2x) + 10$
$4x - 8 + 2x + 10 = 120 - 10x + 10$
$6x + 2 = 130 - 10x \quad | -2 + 10x$
$16x = 128 \quad | :16$
$x = 8$

d) $(x + 2) \cdot (x + 2) + (-232) = (x + 16) \cdot (x - 16)$
$x^2 + 4x + 4 - 232 = x^2 - 256 \quad | -x^2$
$4x - 228 = -256 \quad | +228$
$4x = -28 \quad | :4$
$x = -7$

3

a) $2x + \frac{31}{9} = 5 - 5x \quad | +5x - \frac{31}{9}$
$2x + 5x = 5 - \frac{31}{9} \quad$ | *5 in einen Bruch mit Nenner 9 umwandeln:* $5 = 5 \cdot \frac{9}{9} = \frac{45}{9}$
$7x = \frac{45}{9} - \frac{31}{9}$
$7x = \frac{14}{9} \quad | :7$
$x = \frac{14}{9 \cdot 7}$
$x = \frac{2}{9}$

b) $(12x - 8)\cdot\frac{1}{4} = 3\cdot(2 - 4x)$

$$3x - 2 = 6 - 12x \quad | + 12x + 2$$
$$3x + 12x = 6 + 2$$
$$15x = 8 \quad | : 15$$
$$x = \frac{8}{15}$$

c) $\frac{14}{15}x - \frac{17}{12} + \frac{4}{15}x = \frac{4}{12} + \frac{12}{5}x - \frac{10}{4}$

$$\left(\frac{14}{15}x + \frac{4}{15}x\right) - \frac{17}{12} = \frac{12}{5}x + \left(\frac{4}{12} - \frac{10\cdot 3}{4\cdot 3}\right) \quad | \ \frac{4}{12} - \frac{10}{4} \text{ gleichnamig machen}$$
$$\frac{18}{15}x - \frac{17}{12} = \frac{12}{5}x - \frac{26}{12} \quad | + \frac{17}{12} - \frac{12}{5}x$$
$$\frac{18}{15}x - \frac{12}{5}x = -\frac{26}{12} + \frac{17}{12} \quad | \ \frac{12}{5} = \frac{12\cdot 3}{5\cdot 3} = \frac{36}{15}$$
$$\frac{18 - 36}{15}x = \frac{-26 + 17}{12}$$
$$-\frac{18}{15}x = -\frac{9}{12} \quad | : \left(-\frac{18}{15}\right) \Rightarrow \cdot\left(-\frac{15}{18}\right)$$
$$x = -\frac{9}{12}\cdot\left(-\frac{15}{18}\right) = +\frac{1\cdot 5}{4\cdot 2} = \frac{5}{8}$$

4

a) $(x - 2)\cdot(3x - 9) = 0$

1. Lösung: $(x - 2) = 0 \Rightarrow x_1 = 2$

2. Lösung: $(3x - 9) = 0 \Rightarrow 3x = 9 \ | :3 \Rightarrow x_2 = 3$

b) $0 = (1 - x)\cdot(3 - x)$

1. Lösung: $(1 - x) = 0 \Rightarrow 1 = x \Rightarrow x_1 = 1$

2. Lösung: $(3 - x) = 0 \Rightarrow 3 = x \Rightarrow x_2 = 3$

c) $(x - 1)\cdot(x + 1) = 0$

1. Lösung: $x_1 = 1$

2. Lösung: $x_2 = -1$

d) $(2x - 4)\cdot(3x + 1) = 0$

1. Lösung: $(2x - 4) = 0$
$$2x = 4 \quad | :2$$
$$x_1 = 2$$

2. Lösung: $(3x + 1) = 0$
$$3x = -1 \quad | :3$$
$$x_2 = -\frac{1}{3}$$

5

$$5x + 16 = -34$$
$$5x = -50$$
$$x = -10$$

2.2 Gleichungen mit Klammern

1

a) $x = 8$ b) $x = 4$ c) $x = 1$ d) $x = 3$

2

a) $x = 7$ b) $x = 2$ c) $x = 21$ d) $x = 12$

3

a) $x = -7$ b) $x = \frac{1}{2}$ c) $x = -2$ d) $x = -7$

4

a) $x = \frac{11}{5}$ b) $x = 19$ c) $x = 11{,}5$

d) $\frac{1}{3}\left[\frac{2}{3}(x-1)-(x-12)\right] = \frac{7}{9} \quad | \cdot 3$ | $\cdot 3$, damit fällt der erste Bruch weg.

$\left[\frac{2}{3}x - \frac{2}{3} - x + 12\right] = \frac{7}{3}$ | $\frac{2}{3}x - x = -\frac{1}{3}x$

$-\frac{1}{3}x + \frac{34}{3} = \frac{7}{3} \Rightarrow -\frac{1}{3}x = \frac{7}{3} - \frac{34}{3}$ und $-\frac{2}{3} + 12 = 11\frac{1}{3} = \frac{34}{3}$

$-\frac{1}{3}x = -\frac{27}{3} \Rightarrow x = 27$ | $\cdot(-3)$, damit fallen die Nenner weg.

2.3 Bruchterme

1

a) $D = \mathbb{Q} \setminus \{10\}$ b) $D = \mathbb{Q} \setminus \{-1\}$ c) $D = \mathbb{Q} \setminus \{0\}$

d) $D = \mathbb{Q} \setminus \{0; -5\}$ e) $D = \mathbb{Q} \setminus \left\{\frac{3}{2}\right\}$ f) $D = \mathbb{Q} \setminus \{-2\}$

2

a) Nenner: $2x(x-3)$; $D = \mathbb{Q} \setminus \{0; 3\}$ b) Nenner: $x(x+1)$; $D = \mathbb{Q} \setminus \{0; -1\}$

c) Nenner: $5x(x+2)$; $D = \mathbb{Q} \setminus \{0; -2\}$ d) Nenner: $(x+2)^2$; $D = \mathbb{Q} \setminus \{-2\}$

e) Nenner: $(x+4)(x-4)$; $D = \mathbb{Q} \setminus \{-4; +4\}$

2.4 Bruchgleichungen

1

a) $D = \mathbb{Q} \setminus \{7\}$; $x = 5$

b) $D = \mathbb{Q} \setminus \{3\}$; $x = \frac{6}{7}$

c) $D = \mathbb{Q} \setminus \{0\}$; HN: 144x; $x = 20$

d) $D = \mathbb{Q} \setminus \{0\}$; HN: 72x; $x = \frac{1}{8}$

e) $D = \mathbb{Q} \setminus \{-5; +5\}$; HN: $12(x+5)(x-5)$; $x = 7$

f) $D = \mathbb{Q} \setminus \{-1; +1\}$; HN: $6(x+1)(x-1)$; $x = 3$

g) $D = \mathbb{Q} \setminus \{-3; +3\}$; HN: $12x(x+3)(x-3)$; $x = 9$

h) $D = \mathbb{Q} \setminus \left\{-\frac{3}{2}; +\frac{3}{2}\right\}$; HN: $6(2x+3)(2x-3)$; $x = -9$

2.5 Rechnen mit Formeln

1

$W = \frac{G \cdot p}{100} \Rightarrow p = \frac{W \cdot 100}{G} = \frac{210 \cdot 100}{360} = 58{,}3\,\%$

2

$V = G \cdot h \Rightarrow 90 = 3 \cdot 3 \cdot h$; $h = 10\,\text{cm}$

Der Quader kann 10 cm hoch sein.

3

$Z = \frac{K \cdot p}{100}$; $K = \frac{Z \cdot 100}{p} = \frac{76 \cdot 100}{3} = 2533{,}33\,€$

Du musst 2533,33 € auf dem Konto haben.

4

Ergänze. Stelle zuerst die Formel $A = a \cdot b$ so um, wie du sie brauchst.

A	75	64	81	120	144	225	324
a	5	16	3	8	8	15	36
b	15 $a = \frac{A}{b}$ $a = \frac{75}{15}$	4 $b = \frac{A}{a}$	27 $a = \frac{A}{b}$	15 $b = \frac{A}{a}$	18 $a = \frac{A}{b}$	15 $b = \frac{A}{a}$	9 $a = \frac{A}{b}$

2.6 Sachaufgaben mit linearen Gleichungen

1

Schwester: x Jahre; Malte: 5x Jahre;

in 21 Jahren: Schwester: x + 21; Malte: 5x + 21

$1{,}5(x + 21) = 5x + 21 \quad \Rightarrow x = 3$

Die Schwester ist heute 3 Jahre und Malte 15 Jahre alt.

2

Länge von 4 Seiten: x; 5. Seite: $\frac{x}{2}$ $\Rightarrow$ $U = 4x + \frac{x}{2} = 27$; $x = 6\,\text{cm}$
Vier Seiten sind 6 cm lang, die fünfte Seite ist 3 cm lang.

3

Zwei Winkel sind je x; der dritte Winkel ist x – 45°
Winkelsumme im Dreieck: 180° $\Rightarrow$ $2x + x - 45 = 180°$; $x = 75°$
Die Basiswinkel sind 75°, der dritte Winkel 30° groß.

Test

1

a)

$3(x - 14) - 5(x - 42) = 2(2x - 12)$	Ausmultiplizieren
$3x - 42 - (5x - 210) = 4x - 24$	Minusklammer auflösen
$3x - 42 - 5x + 210 = 4x - 24$	Zusammenfassen
$-2x - 168 = 4x - 24$	$\mid + 2x + 24$
$-144 = 6x$	Durch 6 dividieren
$-24 = x$ oder $x = -24$	Seite vertauschen

b)

$x - [8 - 9(x - 15)] = 3(x - 1)$	Innere Klammer zuerst
$x - (8 - 9x + 135) = 3x - 3$	Minusklammer auflösen
$x - 8 + 9x - 135 = 3x - 3$	Zusammenfassen
$10x - 143 = 3x - 3$	$\mid + 143 - 3x$
$7x = 140$	$\mid : 7$
$x = 20$	

c)

$\frac{1}{2}(x - 1) - \frac{1}{3} = \frac{1}{7}(x + 5)$	Ausmultiplizieren
$\frac{1}{2}x - \frac{1}{2} - \frac{1}{3} = \frac{1}{7}x + 5 \cdot \frac{1}{7}$	Nenner gleich machen
$\frac{1}{2}x - \frac{3}{6} - \frac{2}{6} = \frac{1}{7}x + \frac{5}{7}$	$\mid -\frac{1}{7}x + \frac{5}{6}$
$\frac{1}{2}x - \frac{1}{7}x = \frac{5}{7} + \frac{5}{6}$	gleiche Nenner
$\frac{7 - 2}{14}x = \frac{30 + 35}{42}$	zusammenrechnen
$\frac{5}{14}x = \frac{65}{42}$	$\mid \cdot \frac{14}{5}$
$x = \frac{65}{42} \cdot \frac{14}{5} = \frac{13}{3} = 4\frac{1}{3}$	Kürzen und in gemischte Zahl verwandeln.

2

a) $\frac{5x}{3x + 6}$

$3x + 6 = 0 \Rightarrow x = -2$

Der Bruchterm lässt sich nicht vereinfachen.

$D = \mathbb{Q} \setminus \{-2\}$

b) $\frac{25x^2 - 4}{25x^2 - 20x + 4}$

$25x^2 - 20x + 4 = (5x - 2)^2$

$25x^2 - 4 = (5x - 2)(5x + 2)$

$(5x - 2)^2 = 0 \Rightarrow x = \frac{2}{5}$

daher $\frac{(5x - 2)(5x + 2)}{(5x - 2)^2} = \frac{5x + 2}{5x - 2}$

$D = \mathbb{Q} \setminus \left\{\frac{2}{5}\right\}$

3

a) $D = \mathbb{Q} \setminus \{2\}$;

$28 = 4(x - 2)$

$28 = 4x - 8$

$36 = 4x \Rightarrow x = 9$

b) $D = \mathbb{Q} \setminus \left\{\frac{2}{5}\right\}$

$2x + 5 + 5x - 2 = 3(5x - 2)$

$7x + 3 = 15x - 6$

$9 = 8x \Rightarrow x = \frac{9}{8} = 1\frac{1}{8}$

c) $D = \mathbb{Q} \setminus \left\{\frac{3}{2}\right\}$

$3(2x^2 - 6) + 3x(3 - 2x) = 3(3 - 2x)$

$6x^2 - 18 + 9x - 6x^2 = 9 - 6x$

$15x = 27 \Rightarrow x = \frac{27}{15} = \frac{9}{5} = 1\frac{4}{5}$

4

a) $U = 2(a + b)$

$\frac{U}{2} = a + b$

$b = \frac{U}{2} - a$

$U = 17\,cm$; $a = 5{,}5\,cm$

$b = \frac{17}{2} - 5{,}5$

$b = 3\,cm$

b) $3y = \frac{1}{4}x - 6$

$(3y + 6) \cdot 4 = x$

$y = 2$; $x = (3 \cdot 2 + 6) \cdot 4$

$x = 48$

c) $V = \frac{1}{3} a \cdot b \cdot h$

$a = \frac{V \cdot 3}{b \cdot h}$

$V = 42\,cm^3$; $b = 3{,}5\,cm$; $h = 4\,cm$

$a = \frac{42 \cdot 3}{3{,}5 \cdot 4} = 9\,cm$

5

a) Zahl x; $9x - 35 = 4x$

$5x = 35 \Rightarrow x = 7$

Die Zahl heißt 7.

b) Goethes Alter: x

Schillers: x − 10

Herder: x + 5

$x + (x - 10) + (x + 5) = 118$

$3x - 5 = 118 \quad | + 5$

$3x = 123 \quad | : 3$

$x = 41$

1790 war Goethe 41 Jahre, Schiller 31, Herder 46 Jahre alt.

3 Umfang und Fläche

3.1 Quadrat und Rechteck

1

Länge a = 110 m und Breite b = 85 m => Flächeninhalt A = a · b = 110 · 85 = **9350 m²**
Man braucht 9350 m² Rasen für das Fußballfeld. Die Außenlinie ist **390 m** lang.

2

$A_1 = 35\,m \cdot 50\,m = 1750\,m^2$
$A_2 = 15\,m \cdot (20 - 5)\,m = 15\,m \cdot 15\,m = 225\,m^2$
$A_3 = 15\,m \cdot 20\,m = 300\,m^2$
$A_{Wasseroberfläche} = 1750 + 225 + 300 = \mathbf{2275\,m^2}$

Die Wasseroberfläche ist 2275 m² groß.

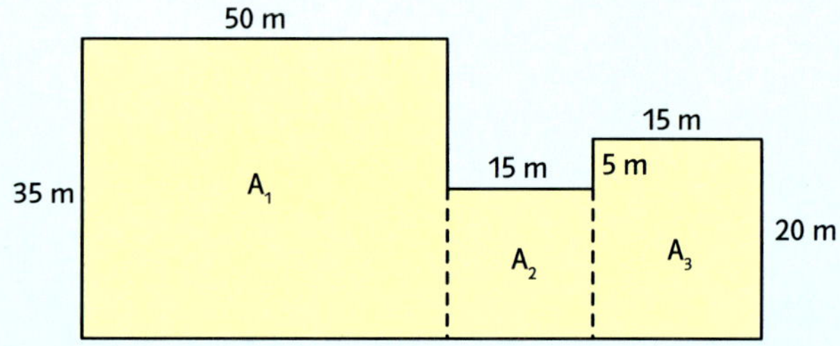

3

a) **Küche:**
A = 5,10 m · 5,40 m = **27,54 m²**
Bad:
A = 2,50 m · 3,50 m = **8,75 m²**
Kinderzimmer:
A = 4,80 m · 6,70 m = **32,16 m²**
Schlafzimmer:
A = 5,20 m · (4,80 + 2,50) m
= 5,20 m · 7,30 m = **37,96 m²**

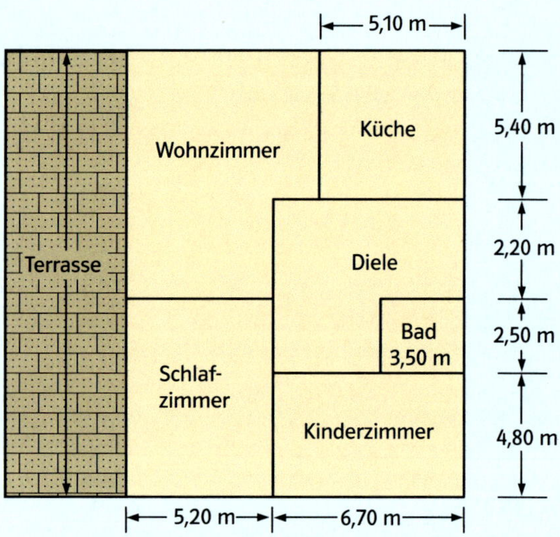

Wohnzimmer:
Die Fläche des Wohnzimmers ist schwieriger zu berechnen als die anderen Zimmer, weil die Diele mit einer Ecke ins Wohnzimmer hineinragt.
Zerlege die Fläche in zwei Teilflächen:
$A_1 = 6{,}80\,m \cdot 5{,}40\,m = 36{,}72\,m^2$
$A_2 = 2{,}20\,m \cdot 5{,}20\,m = 11{,}44\,m^2$
$A_{ges} = 36{,}72 + 11{,}44 = \mathbf{48{,}16\,m^2}$

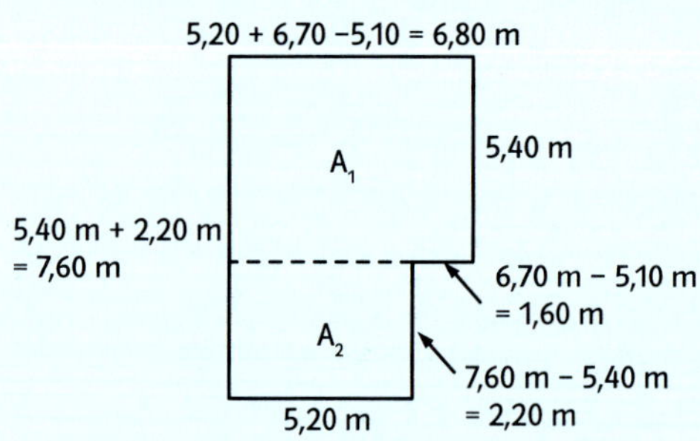

Diele: Das Bad ragt in die Diele, so dass du die Badfläche von dem Rechteck mit der Länge 6,70 m und der Breite 2,50 + 2,20 = 4,70 m abziehen musst:

$A = 6{,}70\,m \cdot 4{,}70\,m = 31{,}49\,m^2$

$A_{Diele} = A_1 - A_{Bad}$

$= 31{,}49\,m^2 - 8{,}75\,m^2$

$= 22{,}74\,m^2$

b) Die gesamte Wohnfläche (ohne Diele, Bad und Küche) errechnet sich aus den Flächen von Wohnzimmer + Schlafzimmer + Kinderzimmer:

$48{,}16\,m^2 + 37{,}96\,m^2 + 32{,}16\,m^2 = 118{,}18\,m^2$

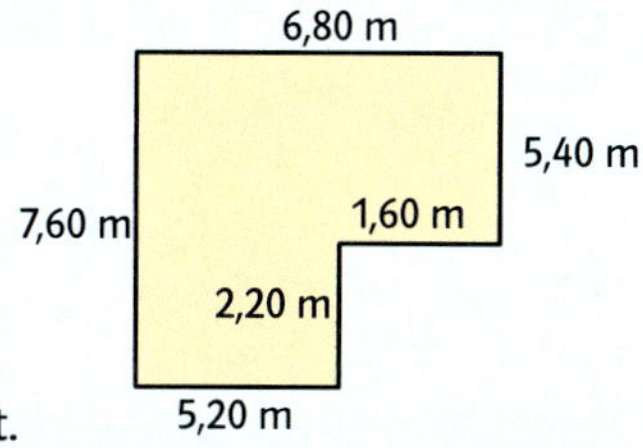

c) Der Länge der Sockelleisten entspricht der Umfang der Fläche des Wohnzimmers.

$U = 7{,}60\,m + 6{,}80\,m + 5{,}40\,m + 1{,}60\,m + 2{,}20\,m + 5{,}20\,m$

$U = 28{,}80\,m$

Man braucht 28,80 m Sockelleisten. Türen sind nicht berücksichtigt.

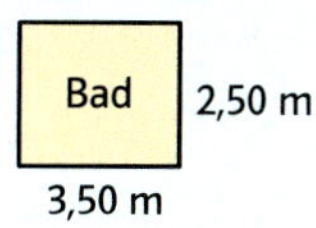

d) Du brauchst zunächst die Bodenfläche des Bades. Schaue bei Aufgabe 3 a) nach: $8{,}75\,m^2$. Wenn $1\,m^2$ Fliesen 75 € kostet, dann kosten $8{,}75\,m^2$ Fliesen 656,25 €.

e) Gestrichen werden normalerweise die Wände und die Decke.
Die Wände kannst du einzeln berechnen und dann addieren.
Du kannst aber auch den Umfang des Zimmers mit der Raumhöhe 2,40 m multiplizieren, was natürlich viel schneller geht.

Umfang: $U = 2 \cdot (6{,}70\,m + 4{,}80\,m) = 2 \cdot 11{,}5\,m = 23\,m$

Die gesamte Wandfläche ist dann $A = 23\,m \cdot 2{,}40\,m = 55{,}20\,m^2$

Die Deckenfläche entspricht der Bodenfläche: $A = 32{,}16\,m^2$

Zu streichen sind $55{,}20\,m^2 + 32{,}16\,m^2 = 87{,}36\,m^2$

Man braucht fünf von diesen Eimern. (Oder vier und einen kleineren Eimer.) Fenster- und Türöffnungen sind nicht berücksichtigt.

3.2 Parallelogramm und Raute

1

a) $A = a \cdot h$

$A = 14{,}1 \cdot 6{,}7$

$A = 94{,}47\,cm^2$

b) Seitenlänge $a = 14{,}1 - 2 = 12{,}1\,cm$

Höhe $h = 6{,}7 + 2 = 8{,}7\,cm$

$A = 12{,}1 \cdot 8{,}7 = 105{,}27\,cm^2$

Der Flächeninhalt bleibt nicht gleich.

c) $A = 100\,cm^2$; $a = 12{,}1\,cm$

$A = a \cdot h \Rightarrow h = A : a$

$h = 100 : 12{,}1 = 8{,}26 \approx 8{,}3\,cm$

Die Höhe müsste 8,3 cm sein.

2

a) Raute: $a = 4{,}6\,cm$; $h = 4{,}6 : 2 = 2{,}3\,cm$;
$A = a \cdot h = 4{,}6 \cdot 2{,}3 = 10{,}58\,cm^2$

b) Quadrat: $A = a^2 = 4{,}6^2 = 21{,}16\,cm^2$
Das Verhältnis lautet:
Quadratfläche : Rautenfläche = 21,16 : 10,58 = **2 : 1**

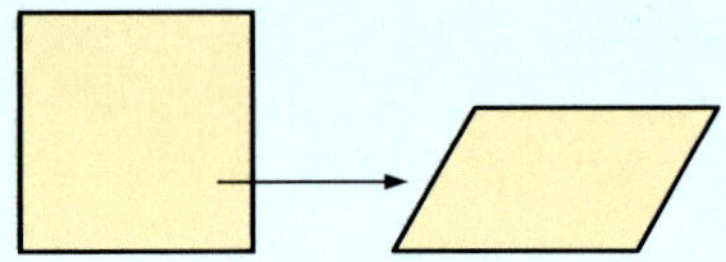

3

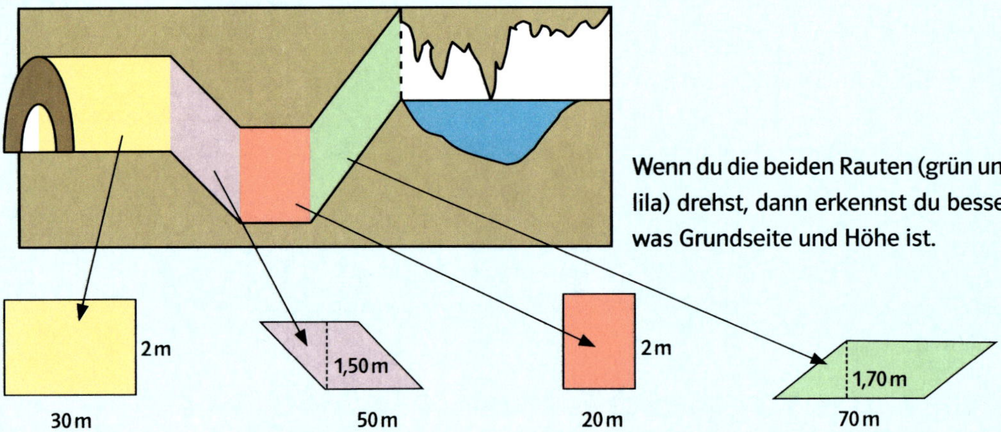

Wenn du die beiden Rauten (grün und lila) drehst, dann erkennst du besser, was Grundseite und Höhe ist.

$A = 30\,m \cdot 2\,m$ | $A = 50\,m \cdot 1{,}50\,m$ | $A = 20\,m \cdot 2\,m$ | $A = 70\,m \cdot 1{,}70\,m$

$A = 60\,m^2$ | $A = 75\,m^2$ | $A = 40\,m^2$ | $A = 119\,m^2$

$A_{Gesamt} = 60\,m^2 + 75\,m^2 + 40\,m^2 + 119\,m^2 = \mathbf{294\,m^2}$

3.3 Dreiecke

1

a) gleichseitiges Dreieck b) gleichschenkliges Dreieck c) allgemeines Dreieck

2

Wenn du die Flächeninhalte der beiden rechtwinkligen Dreiecke DBC und DAC berechnest und dann von einander abziehst, dann bleibt die Fläche des gesuchten stumpfwinkligen Dreieck ABC übrig.

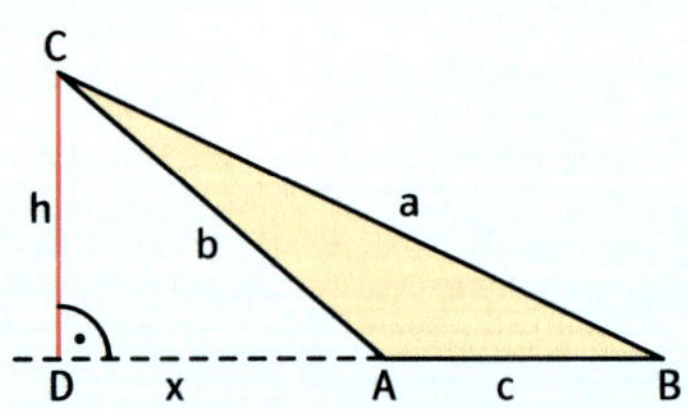

$A_{ABC} = A_{DBC} - A_{DAC}$; $A_{DAC} = \frac{x \cdot h}{2}$

$A_{DBC} = \frac{(c + x) \cdot h}{2} = \frac{c \cdot h + x \cdot h}{2} = \frac{c \cdot h}{2} + \frac{x \cdot h}{2}$

$A_{ABC} = \frac{c \cdot h}{2} + \cancel{\frac{x \cdot h}{2}} - \cancel{\frac{x \cdot h}{2}} = \frac{c \cdot h}{2}$

3

a) Gegeben: a = 4 cm ; b = 3 cm ; c = 5 cm ;
gesucht: Umfang U, Höhe h und Flächeninhalt A
Zeichne die Strecke $\overline{AB}$ = c = 5 cm. Mit dem Zirkel zeichnest du einen Kreis um A mit dem Radius b = 3 cm und um den Punkt B mit dem Radius a = 4cm.

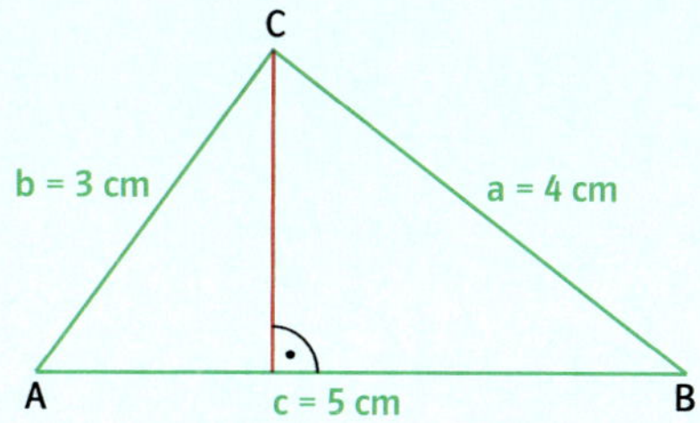

Beide Kreise schneiden sich im Punkt C. (Eigentlich gibt es zwei Schnittpunkte. Sie sind aber symmetrisch zu AB. Wähle den oberen aus, so erhältst du ein Dreieck ABC, wie du es gewohnt bist.) Für den Umfang brauchst du nur die angegebenen Seitenlängen zu addieren:
U = 5 cm + 4 cm + 3 cm = **12 cm**. Für die Berechnung des Flächeninhalts brauchst du eine Dreieckshöhe. Zeichne von C aus das Lot auf $\overline{AB}$ (dies ist die Höhe h_c) und miss ihre Länge: h_c = 2,4 cm.
Setze nun die Werte in die Formel ein $A = \frac{c \cdot h}{2} = \frac{5 \cdot 2{,}4}{2} = 6\,cm^2$

b) Gegeben: b = 7 cm ; α = 45°; β = 75° ⇒
γ = 180° − 45° − 75° = 60°; gesucht: a, c, h, U, A

Zeichne $\overline{AC}$ = b = 7,0 cm. Zeichne in A den Winkel mit 45° und in C den Winkel mit 60° ein. Die beiden freien Schenkel der Winkel schneiden sich im Punkt B. Von C zeichnest du eine Senkrechte auf $\overline{AB}$.
Die gemessenen Strecken sind:
c = 6,2 cm ; a = 5,2 cm ; h = 5 cm .
U = 6,2 cm + 5,2 cm + 7 cm = **18,4 cm** ;
$A = \frac{c \cdot h}{2} = \frac{6{,}2\,cm \cdot 5\,cm}{2} = 15{,}5\,cm^2$

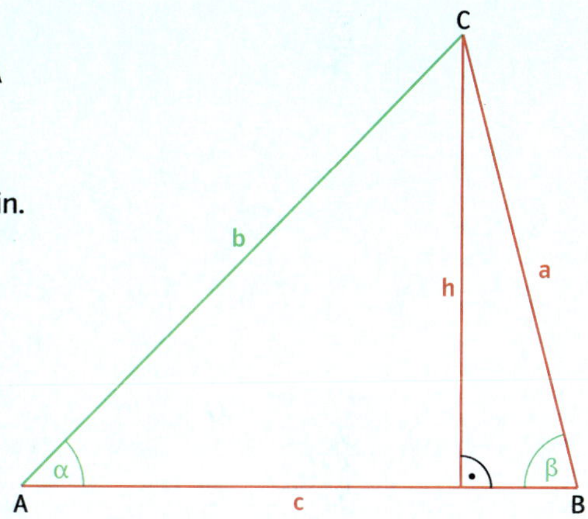

c) Gegeben: a = 5,5 cm ; c = 7,5 cm ; γ = 80°;
gesucht: b, h, u, A
Konstruktionstext:
Zeichne die Strecke $\overline{BC}$ = a = 5,5 cm.
Zeichne in C den Winkel γ.
Zeichne einen Kreis um B mit Radius c = 7,5 cm . Er schneidet den freien Schenkel des Winkel γ im Punkt A.
Miss die Dreiecksseite (hast du auch b = 6 cm gemessen?)
Die Höhe von C auf $\overline{AB}$ ist 4,4 cm lang.

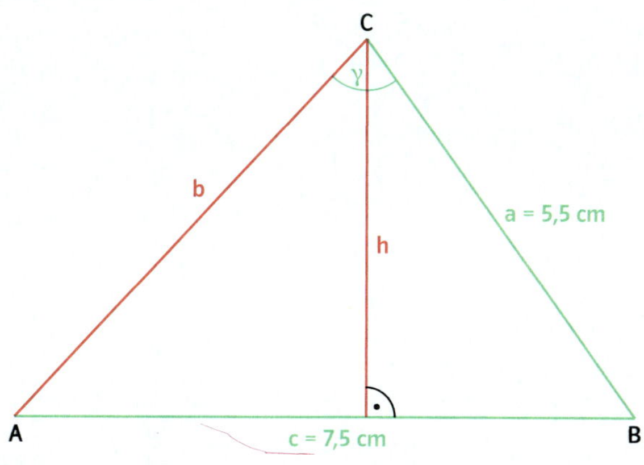

Berechnung von U: **U** = 7,5 cm + 5,5 cm + 6 cm = **19,0 cm**
Berechnung des Flächeninhalts: $A = \frac{c \cdot h}{2} = \frac{7{,}5\,cm \cdot 4{,}4\,cm}{2} = 16{,}5\,cm^2$

4

a) Geg.: $A = 33{,}75\,\text{cm}^2$ und $a = 7{,}5\,\text{cm}$

$A = \frac{a \cdot b}{2} \Rightarrow b = \frac{A \cdot 2}{a} = \frac{33{,}75\,\text{cm}^2 \cdot 2}{7{,}5\,\text{cm}} = 9\,\text{cm}$

b) Geg.: $A = 43\,\text{cm}^2$ und $h = 8{,}6\,\text{cm}$

$A = \frac{a \cdot h}{2} \Rightarrow a = \frac{A \cdot 2}{h} = \frac{43\,\text{cm}^2 \cdot 2}{8{,}6\,\text{cm}} = 10\,\text{cm}$

c) Geg.: $U = 14{,}1\,\text{cm}$ und $c = 6{,}5\,\text{cm}$

$U = a + a + c = 2a + c$

$U - c = 2a \Rightarrow$

$a = \frac{U - c}{2} = \frac{14{,}1\,\text{cm} - 6{,}5\,\text{cm}}{2} = \frac{7{,}6\,\text{cm}}{2} = 3{,}8\,\text{cm}$

d) $U = 22{,}2\,\text{cm}$

$U = a + a + a = 3a$

$a = \frac{U}{3} = \frac{22{,}2\,\text{cm}}{3} = 7{,}4\,\text{cm}$

5

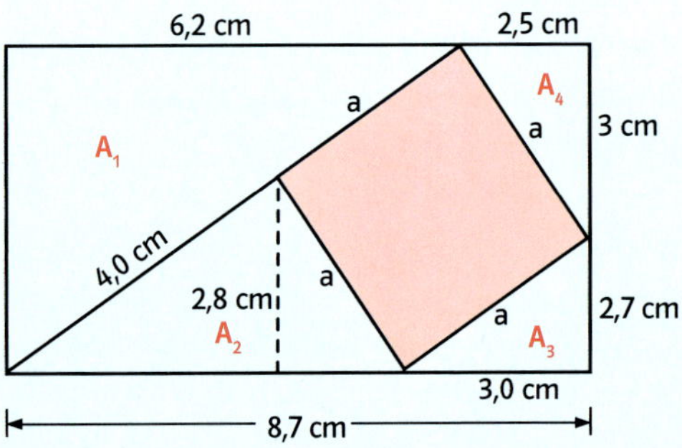

Diese Aufgabe lässt sich lösen, indem du von der Rechtecksfläche die vier Teildreiecke subtrahierst. So erhältst du die Restfläche.

$A_{Rechteck} = (6{,}2\,\text{cm} + 2{,}5\,\text{cm})(3{,}0\,\text{cm} + 2{,}7\,\text{cm})$
$= 8{,}7\,\text{cm} \cdot 5{,}7\,\text{cm} = 49{,}59\,\text{cm}^2$

$A_1 = \frac{6{,}2\,\text{cm} \cdot (3\,\text{cm} + 2{,}7\,\text{cm})}{2} = 17{,}67\,\text{cm}^2$

$A_2 = \frac{(8{,}7\,\text{cm} - 3\,\text{cm}) \cdot 2{,}8\,\text{cm}}{2} = 7{,}98\,\text{cm}^2$

$A_3 = \frac{3\,\text{cm} \cdot 2{,}7\,\text{cm}}{2} = 4{,}05\,\text{cm}^2$

$A_4 = \frac{2{,}5\,\text{cm} \cdot 3\,\text{cm}}{2} = 3{,}75\,\text{cm}^2$

$A_{Quadrat} = A_{Rechteck} - A_1 - A_2 - A_3 - A_4 = 49{,}59\,\text{cm}^2 - 17{,}67\,\text{cm}^2 - 7{,}98\,\text{cm}^2 - 4{,}05\,\text{cm}^2 - 3{,}75\,\text{cm}^2 = 16{,}14\,\text{cm}^2$

Der Flächeninhalt der roten Flächhe beträgt rund $16\,\text{cm}^2$. Da die Figur fast einem Quadrat entspricht, ist die Seitenlänge gerundet $x = 4\,\text{cm}$.

3.4 Trapez

1

a)

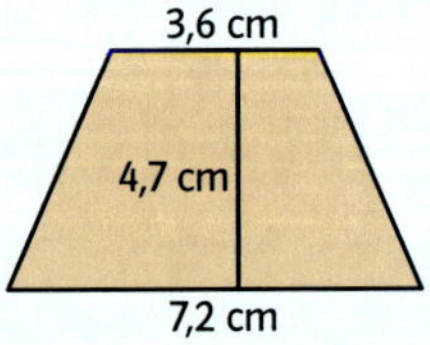

$A = \frac{a + c}{2} \cdot h = \frac{7{,}2\,\text{cm} + 3{,}6\,\text{cm}}{2} \cdot 4{,}7\,\text{cm}$

$A = 25{,}38\,\text{cm}^2$

b)

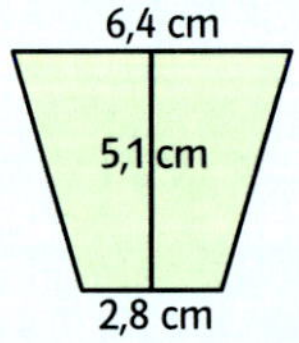

$A = \frac{a + c}{2} \cdot h = \frac{2{,}8\,\text{cm} + 6{,}4\,\text{cm}}{2} \cdot 5{,}1\,\text{cm}$

$A = 23{,}46\,\text{cm}^2$

c)

$c = 9{,}5\,\text{cm} - 3{,}8\,\text{cm} = 5{,}7\,\text{cm}$

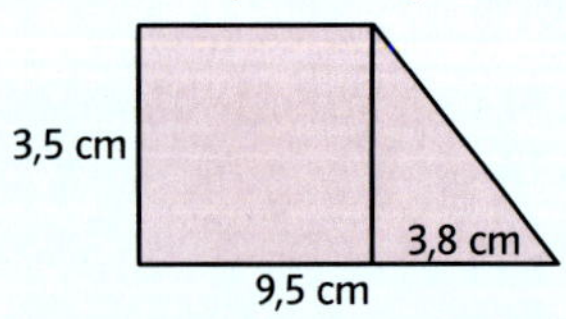

$A = \frac{a + c}{2} \cdot h = \frac{9{,}5\,\text{cm} + 5{,}7\,\text{cm}}{2} \cdot 3{,}5\,\text{cm}$

$A = 26{,}6\,\text{cm}^2$

2

Allgemeines Trapez

Gegeben: $a = 12{,}6\,cm$; $c = 8{,}7\,cm$; $A = 76{,}68\,cm^2$

Gesucht: Höhe h

$A = \frac{a + c}{2} \cdot h \Rightarrow 76{,}68\,cm^2 = \frac{12{,}6\,cm + 8{,}7\,cm}{2} \cdot h$

$76{,}68\,cm^2 = 10{,}65\,cm \cdot h \Rightarrow h = 7{,}2\,cm$

3

gleichschenkliges Trapez

Gegeben: $A = 205\,cm^2$

$a = 23{,}7\,cm$

$h = 10{,}2\,cm$

Gesucht: Deckkante c

$A = \frac{a + c}{2} \cdot h \Rightarrow 205\,cm^2 = \frac{23{,}7\,cm + c}{2} \cdot 10{,}2\,cm$

$\frac{205\,cm^2}{10{,}2\,cm} = \frac{23{,}7\,cm + c}{2} \Rightarrow 20{,}1\,cm \cdot 2 = 23{,}7\,cm + c$

$c = 40{,}2\,cm - 23{,}7\,cm = 16{,}5\,cm$

4

a) $a = 6{,}2\,cm$; $h = 2{,}7\,cm$; $\alpha = 50°$; $\beta = 60°$

Zeichne $a = 6{,}2\,cm$. Lege α und β an.
Zeichne eine Parallele zu a im Abstand $h = 2{,}7\,cm$.
Sie schneidet die Schenkel der Winkel in den Punkten C und D
Auf ihr kannst du c ablesen. ($c = 2{,}3\,cm$)

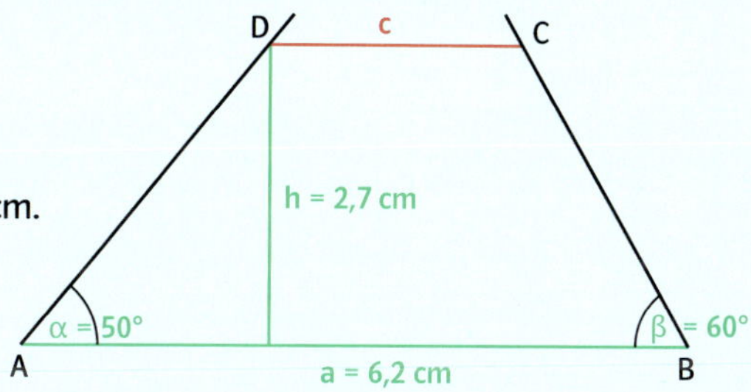

b) $b = 3{,}7\,cm$; $c = 4{,}5\,cm$; $\alpha = \beta = 72°$

Zeichne a in unbestimmter Länge.
Lege den Winkel β an und miss auf seinem Schenkel $b = 3{,}7\,cm$ ab, so erhältst du den Punkt C.
Zeichne eine Parallele zu a durch C und miss $c = 4{,}5\,cm$ ab, so erhältst du den Punkt D.

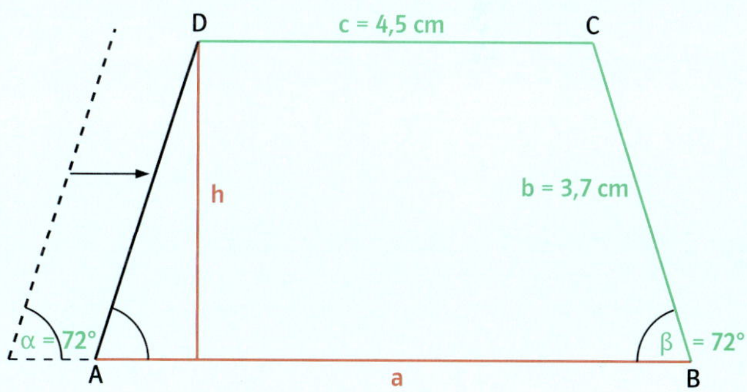

Lege den Winkel α an einer beliebigen Stelle an und verschiebe den Schenkel durch D, so erhältst du den Punkt A. Lies a und h ab. ($a = 6{,}8\,cm$; $h = 3{,}5\,cm$)

c) $h = 4{,}1\,\text{cm};\ c = 3{,}8\,\text{cm};\ \alpha = 90°;\ \beta = 55°$

Zeichne a in beliebiger Länge.
Errichte die Höhe im Punkt A.
Zeichne im Endpunkt D der Höhe eine Parallele zu a mit der Länge $c = 3{,}8\,\text{cm}$, so erhältst du den Eckpunkt C.
Lege an beliebiger Stelle den Winkel β an. Verschiebe den Winkel durch C, so erhältst du B.
Lies a ab. (**a = 6,6 cm**)

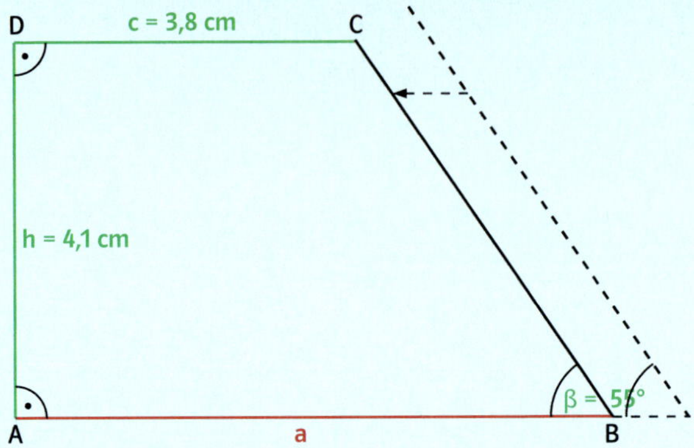

d) $a = 7{,}4\,\text{cm};\ c = 4{,}8\,\text{cm};\ \alpha = \beta = 68°$

Zeichne $a = 7{,}4\,\text{cm}$.
Lege die Winkel $\alpha = \beta = 68°$ an.
Miss von A und B jeweils x ab, das du leicht berechnen kannst:

$$x = \frac{a - c}{2} = \frac{7{,}4\,\text{cm} - 4{,}8\,\text{cm}}{2} = 1{,}3\,\text{cm}$$

Errichte die Höhe.
Zeichne eine Parallele zu a durch D und miss $c = 4{,}8\,\text{cm}$ ab, so erhältst du C.
Lies die Länge von h ab. (**h = 3,2 cm**)

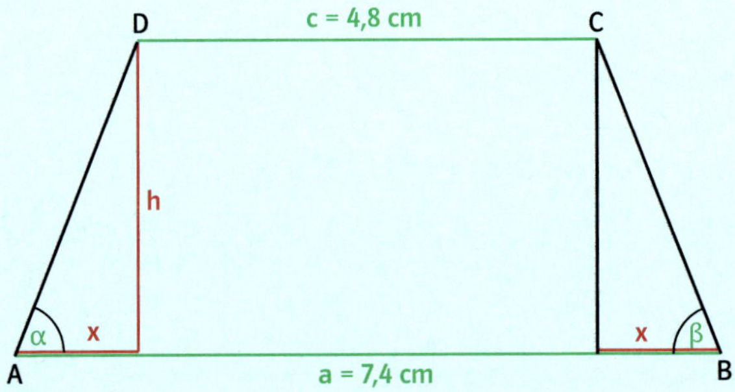

5

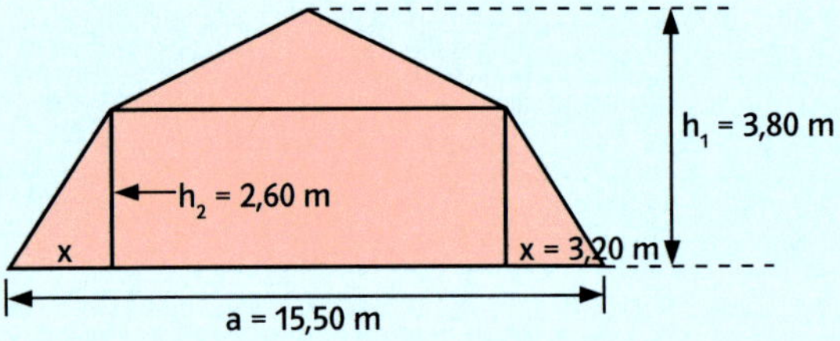

Die Giebelseite berechnet sich aus der Fläche eines Trapezes und eines gleichschenkligen Dreiecks.

$$A_{Trapez} = \frac{a + c}{2} \cdot h = \frac{15{,}5\,\text{m} + 9{,}1\,\text{m}}{2} \cdot 2{,}6\,\text{m} = 31{,}98\,\text{m}^2$$

$$A_{Dreieck} = \frac{c \cdot h_3}{2} = \frac{9{,}1\,\text{m} \cdot 1{,}2\,\text{m}}{2} = 5{,}46\,\text{m}^2$$

$$A_{gesamt} = 31{,}98\,\text{m}^2 + 5{,}46\,\text{m}^2 = 37{,}44\,\text{m}^2$$

3.5 Vielecke

1

a) Achteck: 360° : 8 = **45°**   b) Neuneck: 360° : 9 = **40°**   c) Zwölfeck: 360° : 12 = **30°**

2

a) Berechnung der Bodenfläche

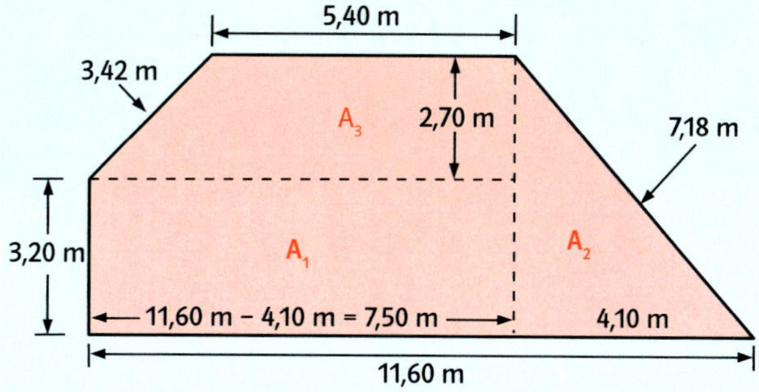

$A_1 = 7{,}5\,m \cdot 3{,}2\,m = 24{,}0\,m^2$

$A_2 = \frac{4{,}10\,m \cdot (3{,}2\,m + 2{,}7\,m)}{2} = 12{,}10\,m^2$

$A_3 = \frac{7{,}5\,m + 5{,}4\,m}{2} \cdot 2{,}7\,m = 17{,}42\,m^2$

$A_{ges} = 24\,m^2 + 12{,}10\,m^2 + 17{,}42\,m^2$

$= \mathbf{53{,}52\,m^2}$

b) Eine Platte hat den Flächeninhalt $A = 0{,}50\,m \cdot 0{,}50\,m = 0{,}25\,m^2$
Anzahl der Platten: $53{,}52\,m^2 : 0{,}25\,m^2 =$ **214,06** Platten
Du brauchst mindestens 215 Platten.

c) Randsteine entsprechen dem Umfang einer Fläche.
$U = 11{,}6\,m + 7{,}18\,m + 5{,}4\,m + 3{,}42\,m + 3{,}20\,m =$ **30,80 m**
Man braucht rund 31 m Randsteine.

3

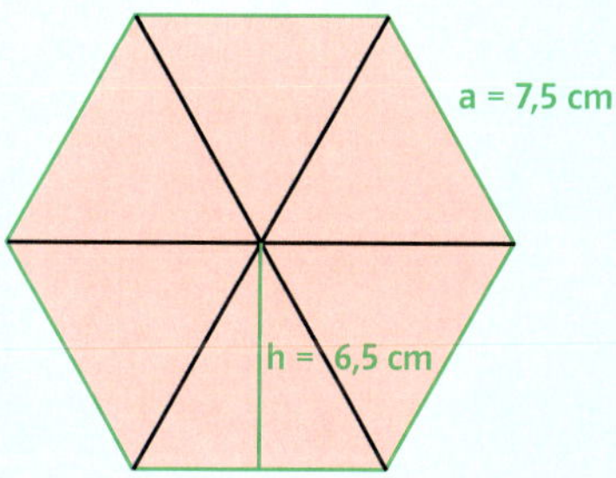

Berechnung des Flächeninhalts eines Sechsecks:

$A_{Sechseck} = 6 \cdot A_{Dreieck} = 6 \cdot \frac{a \cdot h}{2}$

$A = 6 \cdot \frac{7{,}5\,cm \cdot 6{,}5\,cm}{2} = \mathbf{146{,}25\,cm^2}$

4

x entspricht der Länge zweier Höhen, also ist $h = 4{,}5\,cm$.

$A_{Achteck} = 8 \cdot A_{Dreieck} = 8 \cdot \frac{a \cdot h}{2}$

$A = 8 \cdot \frac{3{,}7\,cm \cdot 4{,}5\,cm}{2} = \mathbf{66{,}60\,cm^2}$

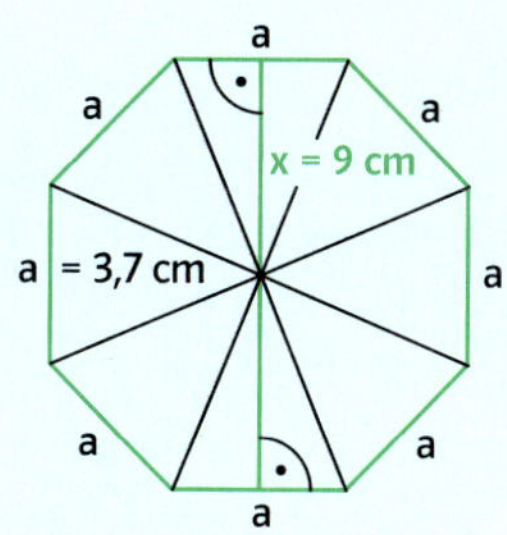

5

Sechseck

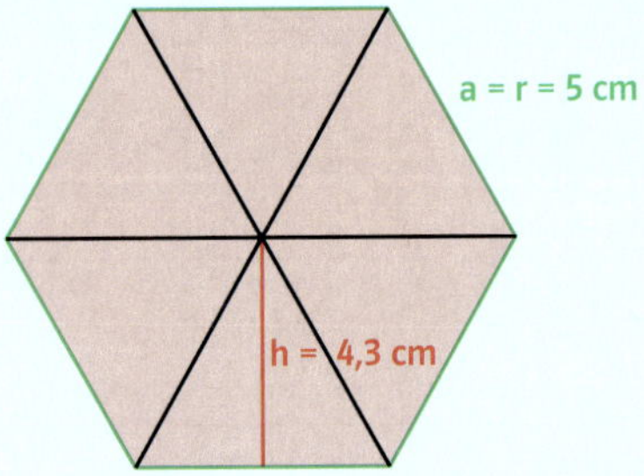

Zwölfeck

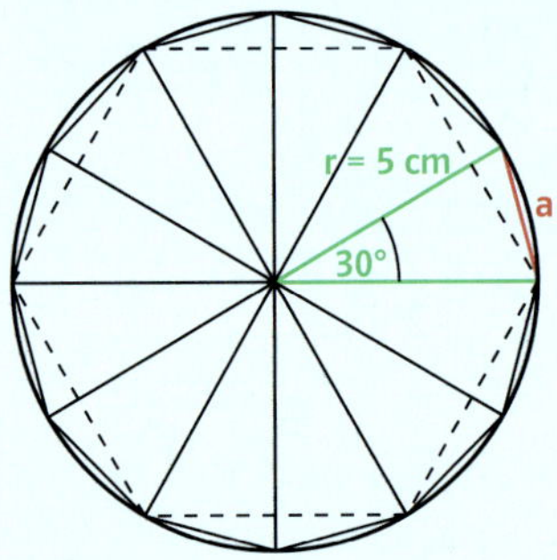

Konstruiere ein Sechseck (Kreis mit Radius 5 cm ziehen, den Radius auf der Kreislinie 6-mal abtragen, die markiertern Punkte verbinden.)
Der abgelesene Wert für **h ist 4,3 cm**.

$A_{Seckseck} = 6 \cdot \frac{a \cdot h}{2} =$

$A = 6 \cdot \frac{5\,cm \cdot 4{,}3\,cm}{2} = \mathbf{64{,}95\,cm^2}$

Du kannst von einem Sechseck ausgehen und jedes Teildreieck halbieren. Mit dem Mittelpunktswinkel α geht es einfach.
($\alpha = 360° : 12 = 30°$; siehe Skizze)
Der abgelesene Wert für **h ist 4,8 cm**.
Beim Zwölfeck weicht die Kantenlänge vom Radius ab, deshalb musst du sie ablesen: **a = 2,6 cm**.

$A_{Zwölfeck} = 12 \cdot \frac{a \cdot h}{2} = 12 \cdot \frac{2{,}6\,cm \cdot 4{,}8\,cm}{2} = \mathbf{74{,}88\,cm^2}$

Der Flächeninhalt des Zwölfecks ist größer als der Flächeninhalt des Sechsecks mit demselben Umkreisradius. Der Unterschied beträgt in diesem Fall 9,93 cm².

Test

1

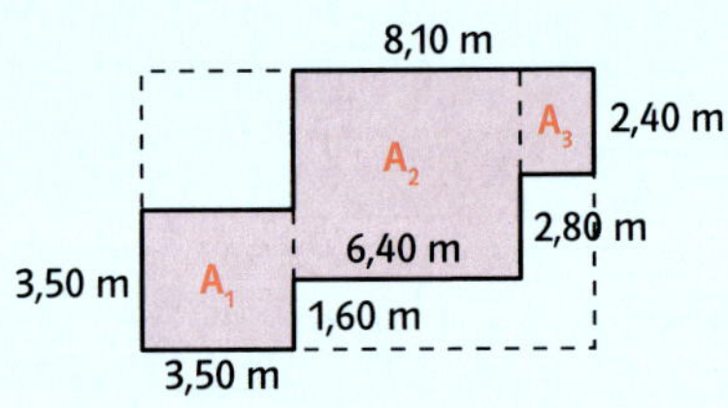

Berechnung des Umfangs:
$U = [(3{,}50\,m + 8{,}10\,m) + (2{,}40\,m + 2{,}80\,m + 1{,}60\,m)] \cdot 2$
$U = (11{,}60\,m + 6{,}80\,m) \cdot 2 = \mathbf{36{,}80\,m}$
Berechnung des Flächeninhalts:
$A = A_1 + A_2 + A_3$
$A_1 = 3{,}5\,m \cdot 3{,}5\,m = 12{,}25\,m^2$
$A_2 = 6{,}4\,m \cdot (2{,}4\,m + 2{,}8\,m) = 6{,}4\,m \cdot 5{,}2\,m = 33{,}28\,m^2$
$A_3 = (8{,}1\,m - 6{,}4\,m) \cdot 2{,}4\,m = 1{,}7\,m \cdot 2{,}4\,m = 4{,}08\,m^2$
$A_{ges} = 12{,}25\,m^2 + 33{,}28\,m^2 + 4{,}08\,m^2 = \mathbf{49{,}61\,m^2}$

2

Berechnung der Seitenlänge x der Raute:

$A_{Parallelogramm} = a \cdot h = 6{,}7\,cm \cdot 3{,}9\,cm = 26{,}13\,cm^2$

$A_{Raute} = \frac{2}{3} A_{Parallelogramm}$

$A_{Raute} = \frac{2}{3} \cdot 26{,}13\,cm = 17{,}42\,cm^2$

$A_{Raute} = x \cdot h \Rightarrow x = \frac{A_{Raute}}{h} = \frac{17{,}42\,cm^2}{3{,}9\,cm} = 4{,}5\,cm$

Die Seitenlänge der Raute beträgt 4,5 cm.

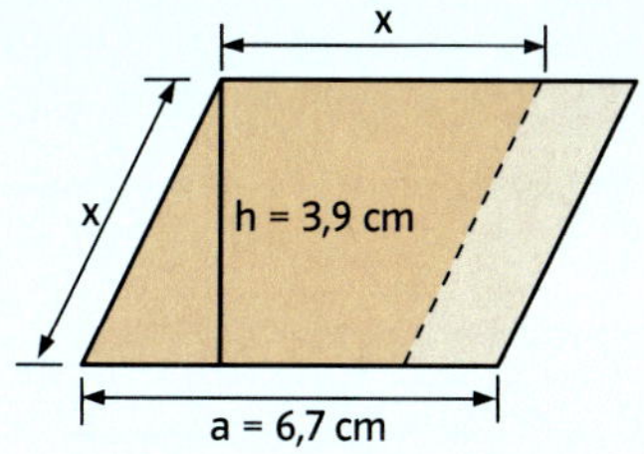

3

Berechnung des Flächeninhalts:

$A_1 = \frac{9{,}6\,cm \cdot 7{,}2\,cm}{2} = 34{,}56\,cm^2$

$A_2 = \frac{12\,cm \cdot 10{,}4\,cm}{2} = 62{,}40\,cm^2$

$A_{ges} = 34{,}56\,cm^2 + 62{,}40\,cm^2 = 96{,}96\,cm^2$

$U = 2 \cdot 12\,cm + 9{,}6\,cm + 7{,}2\,cm = 40{,}8\,cm$

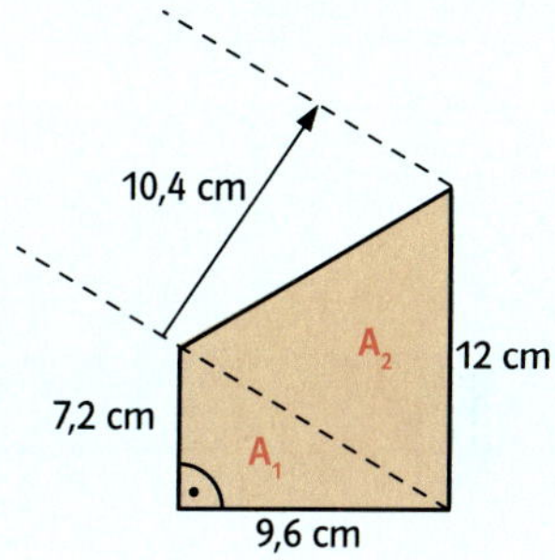

4

Berechnung des Flächeninhalts:

$A_{Trapez} = \frac{a + c}{2} \cdot h_2 = \frac{3{,}4\,cm + 6{,}2\,cm}{2} \cdot 2{,}8\,cm$

$= 13{,}44\,cm^2$

$A_{Dreieck} = \frac{c \cdot h_1}{2} = \frac{6{,}2\,cm \cdot 2{,}5\,cm}{2} = 7{,}75\,cm^2$

$A_{gesamt} = 13{,}44\,cm^2 + 7{,}75\,cm^2 = 21{,}19\,cm^2$

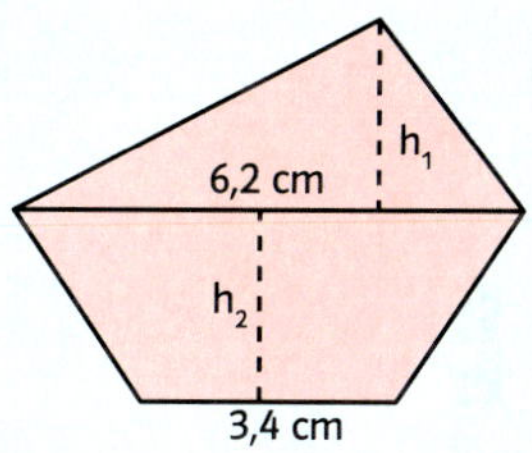

5

$A_{Fünfeck} = 5 \cdot \frac{a \cdot h}{2}$

$100 = 2{,}5 \cdot a \cdot h \qquad |:2{,}5$

$a \cdot h = 40$

Zahlenpaare für a und h:

a	4	10	5	8	2	20	1	40
h	10	4	8	5	20	2	40	1

Fünf Dreiecke mit der Höhe 40 und der Seitenlänge 1 ergeben sicher kein regelmäßiges Fünfeck. Finde duch Probieren weitere Beispiele heraus.

4 Lineare Funktionen

4.1 Funktionen

1

a)

x	−4	−3	−2	−1	0	1	2	3	4
$y = 2{,}5 \cdot x + 1$	−9	−6,5	−4	−1,5	1	3,5	6	8,5	11
	$y(-4) = 2{,}5 \cdot (-4) + 1 = -9$			$y(0) = 2{,}5 \cdot (0) + 1 = 1$			$y(4) = 2{,}5 \cdot (4) + 1 = 11$		
x	−4	−3	−2	−1	0	1	2	3	4
$y = -x - 1{,}5$	2,5	1,5	0,5	−0,5	−1,5	−2,5	−3,5	−4,5	−5,5
x	−4	−3	−2	−1	0	1	2	3	4
$y = \frac{1}{4} \cdot x - 1{,}5$	−2,5	−2,25	−2	−1,75	−1,5	−1,25	−1	−0,75	−0,5
x	−4	−3	−2	−1	0	1	2	3	4
$y = (x - 1)^2$	25	16	9	4	1	0	1	4	9
$y(-4) = (-4 - 1)^2 = (-5)^2 = 25$; $y(1) = (1 - 1)^2 = (0)^2 = 0$; $y(0) = (0 - 1)^2 = 1$; $y(3) = (3 - 1)^2 = 2^2 = 4$									
x	−4	−3	−2	−1	0	1	2	3	4
$y = 5 - x^2$	−11	−4	1	4	5	4	1	−4	−11

b) und c)

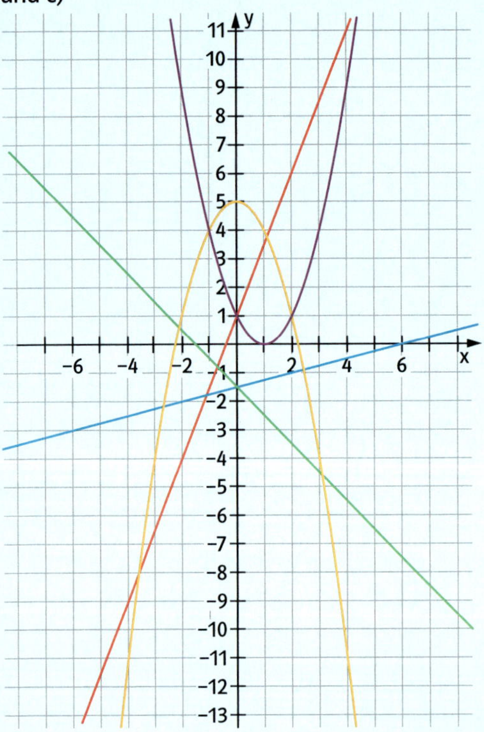

$y_1 = 2{,}5x + 1$
$y_2 = -x - 1{,}5$
$y_3 = \frac{1}{4} \cdot x - 1{,}5$

Die Schaubilder der 1., 2. und 3. Funktion sind Geraden.

$y_4 = (x - 1)^2$

Das Schaubild der 4. Funktion ist eine Kurve (Parabel genannt), die nach oben geöffnet ist.

$y_5 = 5 - x^2$

Das Schaubild der 5. Funktion ist eine nach unten geöffnete Parabel.

2

Die angegebenen Koordinaten (grün) der Punkte setzt du in die Funktionsgleichung $y = \frac{1}{2}x - 1$ ein und rechnest die fehlende Koordinate (rot) aus.

$y_1 = \frac{1}{2} \cdot 2 - 1 = 0 \Rightarrow P_1(2 \mid 0)$

$5 = \frac{1}{2} \cdot x_2 - 1 \Rightarrow x_2 = 5 \cdot 2 + 2 = 12 \Rightarrow P_2(12 \mid 5)$

$y_3 = \frac{1}{2} \cdot 14 - 1 = 6 \Rightarrow P_3(14 \mid 6)$

$27 = \frac{1}{2} \cdot x_2 - 1 \Rightarrow x_2 = 27 \cdot 2 + 2 = 56 \Rightarrow P_4(56 \mid 27)$

$y_5 = \frac{1}{2} \cdot \frac{1}{2} - 1 = \frac{1}{4} - 1 = -\frac{3}{4} \Rightarrow P_5\left(\frac{1}{2} \middle| -\frac{3}{4}\right)$

3

a) $P(3 \mid 3)$ auf $y = 2 \cdot x - 3$?

$3 = 2 \cdot 3 - 3$

$3 = 3$

P liegt auf der Geraden.

b) $Q(3 \mid 3)$ auf $y = \frac{1}{3} \cdot x + 4$?

$3 = \frac{1}{3} \cdot 3 + 4$

$3 \neq 5$

Q liegt nicht auf der Geraden.

c) $R(3 \mid 3)$ auf $y = x^2 - 2$?

$3 \neq 3^2 - 2$

$3 \neq 9 - 2$

$3 \neq 7$

R liegt nicht auf der Geraden.

d) $S(8 \mid 25)$ auf $y = 4 \cdot x - 7$?

$25 = 4 \cdot 8 - 7$

$25 = 32 - 7$

$25 = 25$

S liegt auf der Geraden.

4

a) $y = x - 5$ zu C

b) $y = 3 \cdot x + 1$ zu A

c) $y = \frac{1}{2} \cdot x$ zu B

d) $y = -\frac{1}{3} \cdot x + 3$ zu D

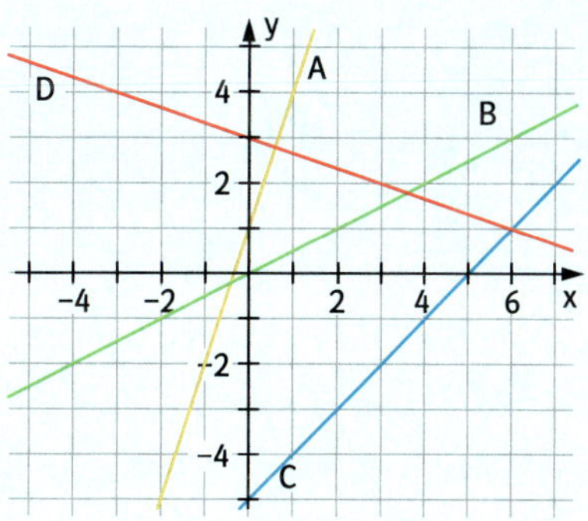

4.2 Proportionale Funktionen

1

a) $m = -1$ Vom Ursprung aus gehst du
… 1 LE (Längeneinheit) nach rechts und 1 LE nach unten

b) $m = \frac{4}{3}$ … aus gehst du
… 3 LE nach rechts und 4 LE nach oben

c) $m = \frac{2}{1}$ … aus gehst du
… 1 LE nach rechts und 2 LE nach oben

d) $m = 6$ … aus gehst du
… 1 LE nach rechts und 6 LE nach oben

e) $m = -\frac{2}{5}$ … aus gehst du
… 5 LE nach rechts und 2 LE nach unten

2

P(3 | 4) zu b) $y = \frac{4}{3}x$ Q(−6 | −3) zu d) $y = \frac{1}{2}x$ R(−3 | 4,5) zu a) $y = -\frac{3}{2}x$ S(5 | 20) zu c) $y = 4x$

Beim Vergleichen der Funktionen mit den Punkten fällt dir auf, dass die Steigung m immer das Verhältnis (Proportion) von y : x ist.

e) Für T(18 | 54) gilt: $m = \frac{54}{18} = 3 \Rightarrow y = 3x$.

3

a) $g_3: y = 4 \cdot x$ $g_1: y = \frac{4}{5} \cdot x$ $g_5: y = -\frac{1}{3} \cdot x$ $g_2: y = -\frac{5}{4} \cdot x$ $g_6: y = -\frac{1}{4} \cdot x$

b) g_4 ist noch keiner Gleichung zugeordnet. Ihre Gleichung lautet: $y = -3x$.

c) Mit dem Geodreieck findest du heraus, dass g_1 und g_2 senkrecht aufeinander stehen. Ihre Steigungen unterscheiden sich im Vorzeichen und die Beträge der Steigungen sind Kehrwerte voneinander: $m_1 = \frac{4}{5}$ und $m_2 = -\frac{5}{4}$

d) Die zu $y = -\frac{1}{3} \cdot x$ senkrechte Funktion müsste $y = 3 \cdot x$ heißen, weil der Kehrwert von $-\frac{1}{3} = -\frac{3}{1} = -3$ ist und das Vorzeichen wechselt.

4.3 Lineare Funktionen

1

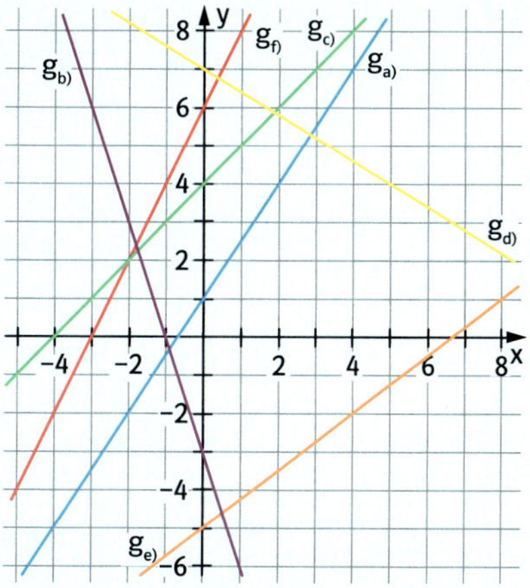

2

$y = -\frac{1}{2}x - 3$

3

Punktprobe mit dem Punkt B(3 | 7) $7 = -\frac{7}{6} \cdot 3 - 3{,}5$

$= -\frac{7}{2} - 3{,}5 = -7$

$7 \neq -7$, der Punkt B liegt nicht auf der Geraden $y = -\frac{7}{6} \cdot x - 3{,}5$.

4

a) $0 = 2x + 5$

$-5 = 2x$

$x = -\frac{5}{2}$ $N\left(-\frac{5}{2} \middle| 0\right)$

b) $0 = -\frac{3}{4} \cdot x - 3$

$3 = -\frac{3}{4} \cdot x$

$x = -3 \cdot \frac{4}{3} = -4$ $N(-4 | 0)$

c) $0 = \frac{1}{3}x - 1$

$1 = \frac{1}{3}x$

$x = 1 \cdot \frac{3}{1} = 3$ $N(3 | 0)$

d) $0 = -\frac{3}{2} \cdot x + 3$

$\frac{3}{2} \cdot x = 3$

$x = 3 \cdot \frac{2}{3} = 2$ $N(2 | 0)$

e) $0 = \frac{10}{3} \cdot x - 5$

$5 = \frac{10}{3} \cdot x$

$5 \cdot \frac{3}{10} = x$

$x = \frac{3}{2}$ $N\left(\frac{3}{2} \middle| 0\right)$

f) $0 = -3x + 5$

$3x = 5$

$x = \frac{5}{3}$ $N\left(\frac{5}{3} \middle| 0\right)$

3

x setzt du für die Anzahl der Müllwagen, die noch angeschafft werden müssten.

Berechnung des Müllvolumens einer Woche:

$8 \cdot 5{,}6 \cdot 10 \cdot 6 = 2688\,m^3$

$(8 + x) \cdot 5{,}6 \cdot 8 \cdot 5 = 2688$

$(8 + x) \cdot 224 = 2688 \quad | :224$

$8 + x = 12 \quad | -8$

$x = 4$

Es müssten noch 4 Müllwagen angeschafft werden, um dieselbe Müllmenge in 5 Tagen bei 8-stündiger Betriebszeit zu entsorgen.

4

a) Das Manuskript hat 192 Seiten mit je 33 Zeilen zu je 56 Buchstaben

Anzahl der Buchstaben: $192 \cdot 33\ 56 = 354\,816$

Druckseitenberechnung:

x Seiten mit je 40 Zeilen und 64 Buchstaben

$x \cdot 40 \cdot 64 = 354\,816$

$2560x = 354\,816 \quad | :2560$

$x = 138{,}6 \approx$ 139 Seiten

Man braucht etwa 139 Seiten für den Druck.

b) Anzahl der Buchstaben: 354 816

132 Seiten mit je x Zeilen zu 56 Buchstaben

$132 \cdot x \cdot 56 = 354\,816$

$7392 \cdot x = 354\,816 \quad | :7392$

$x = 48$

Es müssten 48 Zeilen auf jeder Seite stehen.

5

Berechnung des Stundenlohns x:

$24 \cdot 8 \cdot 5 \cdot x = 4608$

$960 \cdot x = 4608 \quad | :960$

$x = 4{,}80$

Der Stundenlohn beträgt 4,80 €.

Berechnung der Lohnkosten x in der folgenden Woche:

$x = 30 \cdot 9 \cdot 5 \cdot 4{,}80$

$x = 6480$

Die Lohnkosten in der nächsten Woche betragen 6480 €.

6

a) Berechnung der Gesamtfläche A des Hofs:

$A = 2240 \cdot 0{,}50\,m \cdot 0{,}30\,m = 336\,m^2$

Berechnung der Fläche einer quadratischen Platte: $0{,}40\,m \cdot 0{,}40\,m = 0{,}16\,m^2$

Berechnung der Anzahl x der quadratischen Platten: $x = 336 : 0{,}16 =$ 2100 Platten

Der Hof könnte mit 2100 quadratischen Platten belegt werden.

b) Erster Hof: $a \cdot b = 336\,m^2$

Zweiter Hof: $2a \cdot 2b = 4 \cdot a \cdot b = 4 \cdot 336 = 1344\,m^2$

Berechnung der Anzahl der quadratischen Platten: $x \cdot 0{,}16 = 1344 \quad | :0{,}16$

$x = 8400$

Für den zweiten Hof braucht man 8400 quadratische Platten.

Kurz: Bei der 4-fachen Fläche braucht man 4-mal so viel an Platten.

Test

1

a) Es lieg eine Funktion vor, weil jedem Element aus dem ersten Bereich genau ein Element aus dem zweiten Bereich zugeordnet wird.

b) Es liegt keine Funktion vor, weil der 2 aus dem ersten Bereich zwei Elemente aus dem zweiten Bereich zugeordnet werden und der 4 kein Element zugeordnet wird.

2

a)

	−4	−3	−2	−1	0	1	2	3	4
y = 2x − 1	−9	−7	−5	−3	−1	1	3	5	7

b)

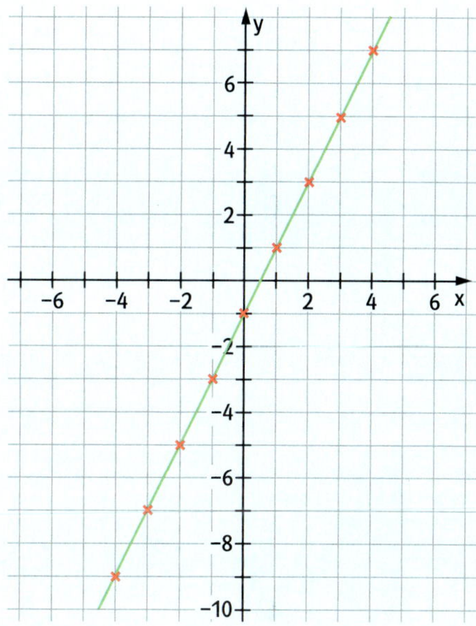

3

Anzahl der Berliner	1	2	3	4	5	10	15	20	25
Preis	0,75	1,50	2,25	3,00	2,25	4,50	6,75	9	11,25

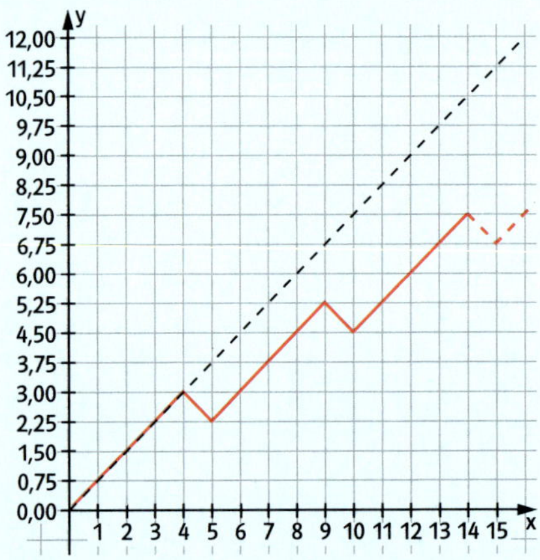

4

a) Punktprobe:
P(3 | 4): $4 = 2 \cdot 3 + 1$
$4 \neq 7$ **nein**
P liegt nicht auf der Geraden.

b) P(3 | 4): $4 = \frac{2}{3} \cdot 3 + 2$
$4 = 2 + 2$ **stimmt**
P liegt auf der Geraden.

c) P(3 | 4): $4 = \frac{3}{2} \cdot 3 + 2$
$4 = \frac{9}{2} + 2$
$4 \neq 6{,}5$ **nein**
P liegt nicht auf der Geraden.

5

Zeichnerische Lösung:

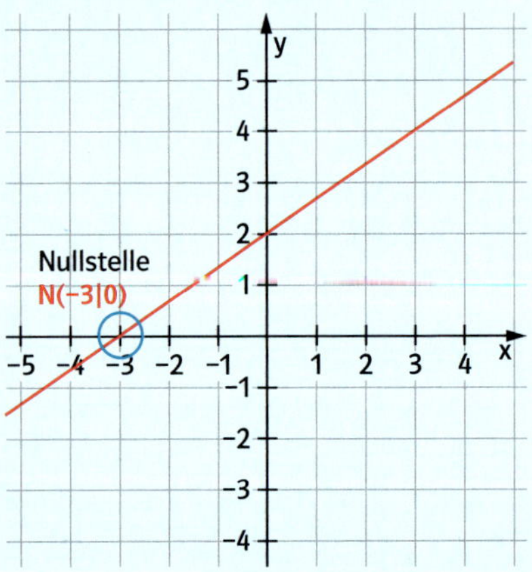

6

$0 = \frac{51}{54}x - 17$
$17 = \frac{51}{54}x$
$x = 17 \cdot \frac{54}{51} \Rightarrow x = 18$; **N (18 | 0)**

7

a)

Seemeile (sm)	18	18 · 4 = 72	108	180	252
Stunden (h)	1	4	6	10	14

b)

Seemeile (sm)	18	54	90	120	270
Stunden (h)	1	54 : 18 = 3	5	6,66	15

6,66 Stunden werden sinnvollerweise in Stunden und Minuten angegeben.
6 Stunden + 0,66 Stunden
0,66 h = 60 min · 0,66 = 39,6 min ≈ 40 min

5 Lineare Gleichungssysteme

5.1 Lineare Gleichungssysteme mit zwei Variablen

1

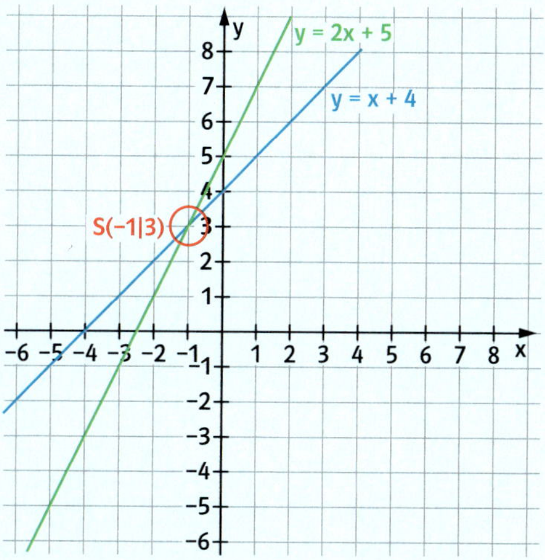

Der Schnittpunkt der Geraden ist die Lösungsmenge: **L= {−1 | 3}**

2

$3y - 2x = -6 \quad (1) \Rightarrow y = \frac{2}{3}x - 2$

$y + 2x = 6 \quad (2) \Rightarrow y = -2x + 6$

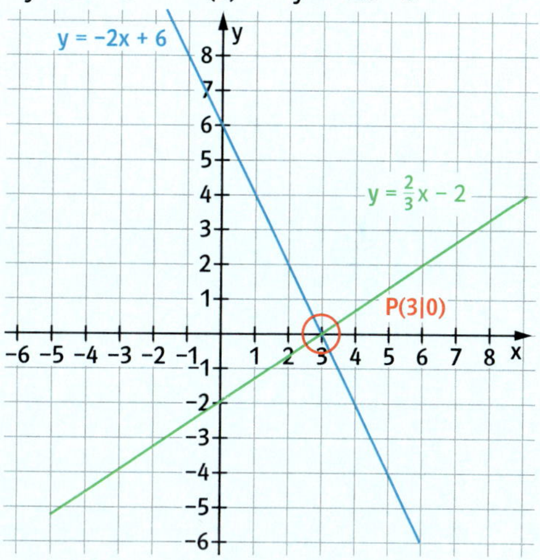

Der Schnittpunkt ist **P(3 | 0)**.

3

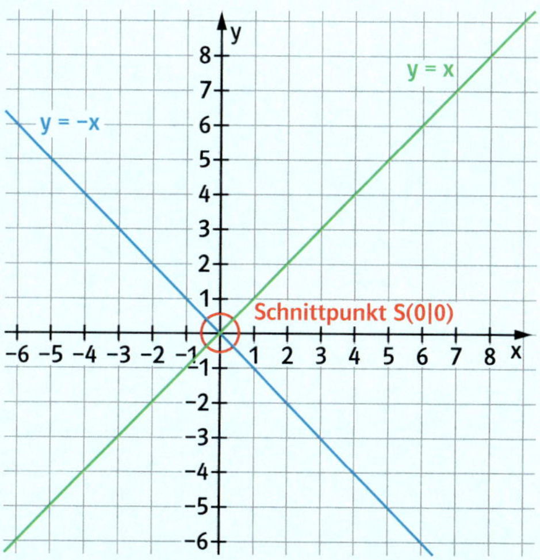

4

Setze die Steigung m in die Geradengleichung y = m · x + b ein und mache mit dem Punkt P(3 | 4) eine Punktprobe. So erhältst du b. Setze b in die Gleichung ein.

g_1: $y = \frac{2}{3}x + b$

P(3 | 4): $4 = \frac{2}{3} \cdot 3 + b$

$\Rightarrow b = 2$

$y = \frac{2}{3}x + 2$

g_2: $y = -2x + b$

P(3 | 4): $4 = -2 \cdot 3 + b$

$4 = -6 + b$

$b = 10$

$y = -2x + 10$

5

Nur zwei **parallele Geraden** haben keinen gemeinsamen Schnittpunkt.

6

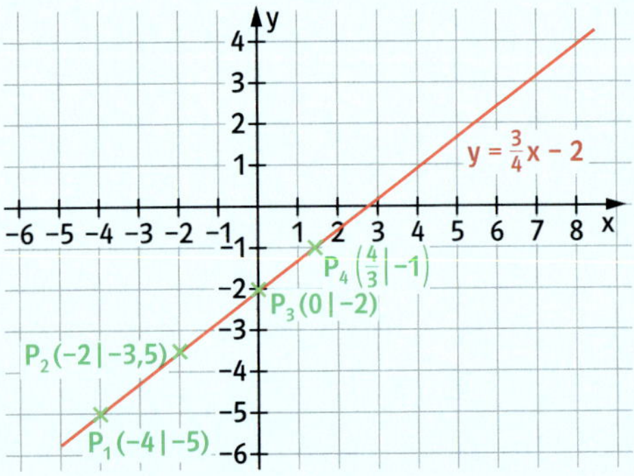

Die andere Gerade muss mit der ersten Geraden zusammen fallen.

Z. B.: $y = \frac{6}{8}x - 2$

oder $y = 0{,}75x - 2$

oder $1{,}5x - 2y = 2, \ldots$

alle diese Gleichungen lassen sich umformen zur Gleichung

$y = \frac{3}{4}x - 2$

5.2 Lösen durch Gleichsetzen

1

1. Gleichsetzen:

$x - 9 = -3x - 1 \quad | + 3x$

$4x - 9 = -1 \quad | + 9$

$4x = 8 \quad | : 4$

$x = 2$

2. Berechnung von y:

Setze $x = 2$ in eine der beiden Gleichungen ein:

$y = 2 - 9$

$y = -7$

3. Lösungsmenge $L = \{(2|-7)\}$

2

a) Gleichungen umformen:

$6 - y = x \Rightarrow \quad y = -x + 6 \quad (1)$

$y = x - 2 \quad (2)$

Gleichsetzen:

$-x + 6 = x - 2 \quad | + 2 + x$

$8 = 2x \quad | : 2$

$x = 4$

Berechnung von y:

$y = 4 - 2 = 2$

Lösungsmenge: $L = \{(4|2)\}$

b) Keine Umformung, da beide Gleichungen „8y = …“

Gleichsetzen:

$2x - 6 = -3x - 1 \quad | + 3x + 6$

$5x = 5 \Rightarrow x = 1$

Berechnung von y:

$8y = 2 \cdot 1 - 6$

$8y = -4 \Rightarrow y = -0{,}5$

Lösungsmenge: $L = \{(1|-0{,}5)\}$

c) Keine Umformung, da beide Gleichung „x = …“

Gleichsetzen:

$7y - 5 = 4y + 1 \quad | + 5 - 4y$

$3y = 6 \quad | : 3$

$y = 2$

Berechnung von x :

$x = 7 \cdot 2 - 5 = 9$

Lösungsmenge: $L = \{(9|2)\}$

d) Gleichsetzen:
$-2x + 3 = 5x + 17 \quad | +2x - 17$
$-14 = 7x \Rightarrow x = -2$
Berechnung von y:
$y = -2 \cdot (-2) + 3 = 7$
Lösungsmenge:
$L = \{(-2 | 7)\}$

e) Gleichsetzen :
$4y + 2{,}5 = 3y + 2 \quad | -3y - 2{,}5$
$y = -0{,}5$
Berechnung von x:
$x = 4 \cdot (-0{,}5) + 2{,}5 = 0{,}5$
Lösungsmenge:
$L = \{(0{,}5 | -0{,}5)\}$

3

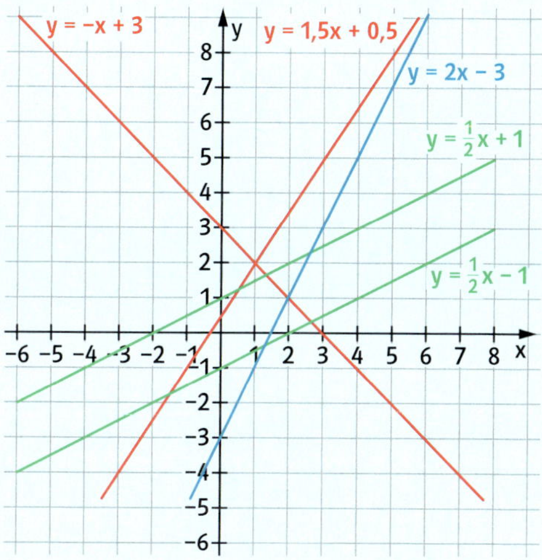

a) **Schnittpunkt P(1 | 2)**

b) $x - 2y = -2 \Rightarrow y = \frac{1}{2} + 1 \quad (1)$

$2x - 4y = 4 \Rightarrow y = \frac{1}{2} - 1 \quad (2)$

Beide Geraden liegen parallel, haben also keine Schnittpunkte.

c) $2x - y = 3 \Rightarrow y = 2x - 3 \quad (1)$

$x - 0{,}5y = 1{,}5 \Rightarrow y = 2x - 3 \quad (2)$

Beide Geraden haben dieselbe Funktionsgleichung. Sie haben alle Punkte gemeinsam, weil sie aufeinander liegen.

5.3 Lösen durch Einsetzen

1

a) $14x - 5y = -12 \quad (1)$
$y = 4x + 6 \quad (2)$
(2) in (1) eingesetzt:
$14x - 5(4x + 6) = -12$
$14x - 20x - 30 = -12 \quad | +30$
$-6x = 18 \quad | :(-6)$
$x = -3$
$y = 4 \cdot (-3) + 6 = -6$
Lösungsmenge: $L = \{(-3 | -6)\}$

b) $5x + 3y = -3 \quad (1)$
$y = 2x + 10 \quad (2)$
(2) in (1) eingesetzt:
$5x + 3(2x + 10) = -3$
$5x + 6x + 30 = -3 \quad | -30$
$11x = -33 \quad | :11$
$x = -3$
$y = 2 \cdot (-3) + 10 = 4$
Lösungsmenge: $L = \{(-3 | 4)\}$

c) $-7x - 3y = 2 \quad (1)$

$x = -5y + 18 \quad (2)$

(2) in (1) eingesetzt:

$-7(-5y + 18) - 3y = 2$

$35y - 126 - 3y = 2 \quad | + 126$

$32y = 128 \quad | : 32$

$y = 4$

$x = -5 \cdot 4 + 18 = -2$

Lösungsmenge $L = \{(-2 | 4)\}$

d) $-18x + 11y = 15 \quad (1)$

$3x + y = 6 \Rightarrow y = -3x + 6 \quad (2)$

(2) in (1) eingesetzt:

$-18x + 11(-3x + 6) = 15$

$-18x - 33x + 66 = 15 \quad | - 66$

$-51x = -51 \quad | : (-51)$

$x = 1$

$y = -3 \cdot 1 + 6 = 3$

Lösungsmenge: $L = \{(1 | 3)\}$

2

a) $3x + 5y = 4 \quad (1)$

$x + 2y = -1 \Rightarrow x = -2y - 1 \quad (2)$

(2) in (1): $3(-2y - 1) + 5y = 4$

$-6y - 3 + 5y = 4 \quad | + 3$

$-y = 7 \quad | \cdot (-1)$

$y = -7$

Berechnung von x:

$x = -2 \cdot (-7) - 1 = 13$

Lösungsmenge: $L = \{(13 | -7)\}$

b) $14x + 5y = 32 \quad (1)$

$3x - y = 11 \Rightarrow y = 3x - 11 \quad (2)$

(2) in (1): $14x + 5(3x - 11) = 32$

$14x + 15x - 55 = 32 \quad | + 55$

$29x = 87 \quad | : 29$

$x = 3$

Berechnung von y:

$y = 3 \cdot 3 - 11 = -2$

Lösungsmenge: $L = \{(3 | -2)\}$

c) $7x - 8y = 4 \quad (1)$

$6x - 3y = 15 \Rightarrow 3y = 6x - 15$

$y = 2x - 5 \quad (2)$

(2) in (1) eingesetzt:

$7x - 8(2x - 5) = 4$

$7x - 16x + 40 = 4 \quad | - 40$

$-9x = -36 \quad | : (-9)$

$x = 4$

Berechnung von y:

$y = 2 \cdot 4 - 5 = 3$

Lösungsmenge: $L = \{(4 | 3)\}$

d) $x = 8y - 6 \quad (1)$

$9x + 208y = 16 \quad (2)$

(1) in (2) eingesetzt:

$9(8y - 6) + 208y = 16$

$72y - 54 + 208y = 16 \quad | + 54$

$280y = 70 \quad | : 280$

$y = \frac{70}{280} = \frac{1}{4}$

Berechnung von x:

$x = 8 \cdot \frac{1}{4} - 6 = -4$

Lösungsmenge: $L = \left\{\left(-4 \middle| \frac{1}{4}\right)\right\}$

5.4 Lösen durch Addieren

1

a)

$$\begin{array}{rl} 3x + 7y = 29 & (1) \\ 8x - y = -21 & (2) \quad | \cdot 7 \end{array}$$

$$\begin{array}{rl} 3x + 7y = 29 & \\ 56x - 7y = -147 & \\ \hline 59x + 0 = -118 & | :59 \end{array}$$

$x = -2$

Berechnung von y: x wird in eine der beiden Gleichungen eingesetzt, egal welche.

(2): $8 \cdot (-2) - y = -21 \quad | +16$

$y = 5$

$L = \{(-2 | 5)\}$

b)

$$\begin{array}{rll} 5x - 3y = -7 & (1) & | \cdot 4 \\ 4y - 8x = 8 & (2) & | \cdot 3 \end{array}$$

$$\begin{array}{rl} 20x - 12y = -28 & \\ -24x + 12y = 24 & \\ \hline -4x + 0 = -4 & \end{array}$$

$x = 1$

Berechnung von y :

(2): $4y - 8 \cdot 1 = 8 \quad | +8$

$4y = 16 \quad | :4$

$y = 4$

$L = \{(1 | 4)\}$

c)

$$\begin{array}{rll} 3x - 5y = -3 & (1) & | \cdot (-2) \\ 4x - 2y = 24 & (2) & | \cdot 5 \end{array}$$

$$\begin{array}{rl} -6x + 10y = 6 & \\ 20x - 10y = 120 & \\ \hline 14x + 0 = 126 & | :14 \end{array}$$

$x = 9$

Berechnung von y :

(2): $4 \cdot 9 - 2y = 24 \quad | +2y - 24$

$36 - 24 = 2y \quad | :2$

$12 : 2 = y$

$y = 6$

$L = \{(9 | 6)\}$

d)

$$\begin{array}{rll} 4x + 5y = 32 & (1) & | \cdot (-2) \\ 8x - 6y = 0 & (2) & \end{array}$$

$$\begin{array}{rl} -8x - 10y = -64 & \\ 8x - 6y = 0 & \\ \hline 0 - 16y = -64 & | :(-16) \end{array}$$

$y = 4$

Berechnung von x:

(1): $4x + 5 \cdot 4 = 32 \quad | -20$

$4x = 12$

$x = 3$

$L = \{(3 | 4)\}$

2

a)

$$\begin{array}{rl} 8x = 26 + 4y & (1) \\ 10y = 43 - 4x & (2) \end{array}$$

$$\begin{array}{rl} 8x - 4y = 26 & \\ 4x + 10y = 43 & | \cdot (-2) \end{array}$$

$$\begin{array}{rl} 8x - 4y = 26 & \\ -8x - 20y = -86 & \\ \hline 0 - 24y = -60 & | :(-24) \end{array}$$

$y = 2{,}5$

Berechnung von x :

(1): $8x = 26 + 4 \cdot 2{,}5$

$8x = 36 \quad | :8$

$x = 4{,}5$

Lösungsmenge: $L = \{(4{,}5 | 2{,}5)\}$

b)

$$\begin{array}{rl} y + x = 17 & (1) \\ -y + x = 1 & (2) \\ \hline 0 + 2x = 18 & | :2 \end{array}$$

$x = 9$

Berechnung von y:

(1): $y + 9 = 17 \quad | -9$

$y = 8$

Lösungsmenge: $L = \{(9 | 8)\}$

c) $6x + 10y = -10$ (1)
$x + 5y = 5$ (2) $|\cdot(-2)$
$6x + 10y = -10$
$-2x - 10y = -10$
$4x + 0 = -20$ $|:4$
$x = -5$
Berechnung von y:
(2): $-5 + 5y = 5$ $|+5$
$5y = 10$ $|:5$
$y = 2$
Lösungsmenge: $L = \{(-5|2)\}$

d) $8y = 10x - 8$ (1)
$x = y + 2$ (2)
(2) in (1) eingesetzt:
$8y = 10(y + 2) - 8$
$8y = 10y + 20 - 8$ $|-10y$
$-2y = 12$ $|:(-2)$
$y = -6$
Berechnung von x:
(2): $x = -6 + 2 = -4$
Lösungsmenge $L = \{(-4|-6)\}$

e) $3x + 11y = 35$ (1) $|\cdot 4$
$4x + 9y = 24$ (2) $|\cdot(-3)$
$12x + 44y = 140$
$-12x - 27y = -72$
$0 + 17y = 68$ $|:17$
$y = 4$
Berechnung von x:
(1): $3x + 11\cdot 4 = 35$ $|-44$
$3x = -9$ $|:3$
$x = -3$
Lösungsmenge $L = \{(-3|4)\}$

f) $6x = 9y - 5$ (1)
$2y + 16 = 6x$ (2)
(1) = (2): $9y - 5 = 2y + 16$ $|+5-2y$
$7y = 21$ $|:7$
$y = 3$
Berechnung von x:
(1): $6x = 9\cdot 3 - 5$
$6x = 22$ $|:6$
$x = \frac{22}{6} = \frac{11}{3} = 3\frac{2}{3}$
Lösungsmenge: $L = \left\{\left(3\frac{2}{3}\middle|3\right)\right\}$

g) $4x + 25 - 3y = 5x + y + 9$ (1)
Umformen der 1. Gleichung:
$4x - 5x - 3y - y = 9 - 25$
$-x - 4y = -16$ (1)
Additionsverfahren: $-x - 4y = -16$ $|\cdot 2$
$2x + 3y = 22$
$-2x - 8y = -32$
$2x + 3y = 22$
$0 - 5y = -10$
$y = 2$

$x + 7y + 4 = 4y - 3x + 26 + 2x$ (2)
Umformen der 2. Gleichung:
$x + 3x - 2x + 7y - 4y = 26 - 4$
$2x + 3y = 22$ (2)
Berechnung von x:
(2): $2x + 3\cdot(2) = 22$
$2x + 6 = 22$ $|-6$
$2x = 16$ $|:2$
$x = 8$
Lösungsmenge: $L = \{(8|2)\}$

h) $7x - (9y - 12) + (3x + 4) = 3y - (5x - 4) \quad (1)$

Umformen der 1. Gleichung :

$7x - 9y + 12 + 3x + 4 = 3y - 5x + 4$

$7x + 3x + 5x - 3y - 9y = 4 - 12 - 4$

$15x - 12y = -12 \quad (1)$

(2) in (1) einsetzen:

$15(2y - 8) - 12y = -12$

$30y - 120 - 124 = -12$

$8y = 108$

$y = 6$

$4y + [5x + 7 - (3y + 6)] = 9 + (6x - y) \quad (2)$

Umformen der 2. Gleichung :

$4y + 5x + 7 - 3y - 6 = 9 + 6x - y$

$5x - 6x + 4y - 3y + y = 9 - 7 + 6$

$-x + 2y = 8 \Rightarrow x = 2y - 8 \quad (2)$

Berechnung von x:

(2): $x = 2 \cdot 6 - 8 = 4$

Lösungsmenge: $L = \{(4\,|\,6)\}$

i) $5(x + 7) - 3(y + 2) = 43 \quad (1)$

Umformen der 1. Gleichung:

$5x + 35 - 3y - 6 = 43$

$5x - 3y + 29 = 43 \quad | -29$

$5x - 3y = 14 \quad (1)$

Additionsverfahren:

$5x - 3y = 14 \quad | \cdot 2$

$3x - 2y = 8 \quad | \cdot (-3)$

$10x - 6y = 28$

$-9x + 6y = -24$

$x + 0 = 4$

$x = 4$

$3(x + 4) - 2(y - 1) = 22 \quad (2)$

Umformen der 2. Gleichung:

$3x + 12 - 2y + 2 = 22$

$3x - 2y + 14 = 22 \quad | -14$

$3x - 2y = 8 \quad (2)$

Berechnung von y:

(2): $3 \cdot 4 - 2y = 8 \quad | -12$

$-2y = -4$

$y = 2$

Lösungsmenge: $L = \{(4\,|\,2)\}$

5.5 Modellieren mit linearen Gleichungssystemen

1

x = kaltes Wasser in Litern
y = heißes Wasser in Litern
Gesamtmenge: 120 Liter
$x + y = 120$ Liter $\Rightarrow x = (120 - y)$ (1)

Kaltes Wasser: 14° C
heißes Wasser: 80° C
warmes Wasser 38° C
$14 \cdot x + 80 \cdot y = 120 \cdot 38$ (2)

(1) in (2) eingesetzt:

$14 \cdot (120 - y) + 80 \cdot y = 4560$

$1680 - 14y + 80y = 4560 \quad | -1680$

$66y = 2880 \quad | :66$

heißes Wasser: $y = 43{,}64$ Liter

Kaltes Wasser: $x = 120 - 43{,}64 = 76{,}36$ Liter

Antwort: Man benötigt rund 44 Liter 80° C heißes und 76 Liter 14° C kaltes Wasser, um 120 Liter 38° C warmes Wasser zu erhalten.

2

x = Anzahl der 50-Euro Scheine
y = Anzahl der 20-Euro Scheine
$x + y = 35$ Scheine $\Rightarrow y = 35 - x$ (1)

Die Summe von 1000 € setzt sich zusammen aus:
$x \cdot 50\,€ + y \cdot 20\,€ = 1000\,€$ (2)

(1) in (2) eingesetzt:

$x \cdot 50 + (35 - x) \cdot 20 = 1000$

$50x + 700 - 20x = 1000 \quad | -700$

$30x = 300 \quad | :30$

$x = 10$

$y = 35 - 10 = 25$

Antwort: Sie erhält 10 Scheine zu 50 € und 25 zu 20 €.

3

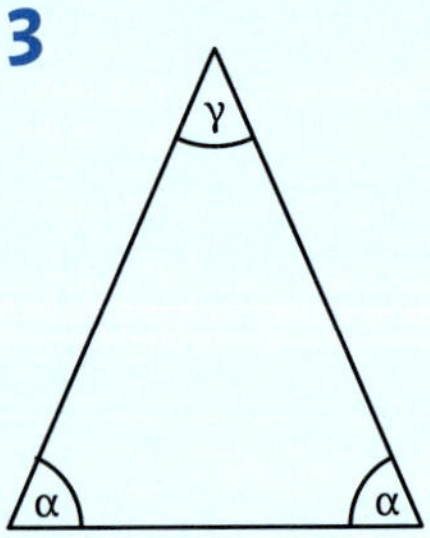

Winkel an der Spitze: γ
Basiswinkel: α
Winkelsumme: $2 \cdot \alpha + \gamma = 180°$ (1)
$\gamma = 1\frac{3}{5} \cdot \alpha$
$\gamma = 1\frac{3}{5} \cdot \alpha = \frac{8}{5}\alpha$ (2)

(2) in (1): $2\alpha + \frac{8}{5}\alpha = 180°$

$\frac{10}{5}\alpha + \frac{8}{5}\alpha = 180°$

$\frac{18}{5}\alpha = 180°$

$\alpha = 180 \cdot \frac{5}{18} = 50°$

$\gamma = 180° - 2 \cdot \alpha = 80°$

4

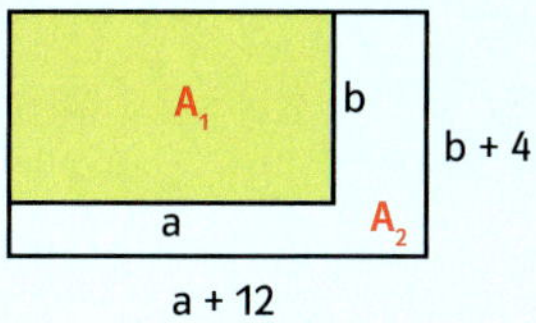

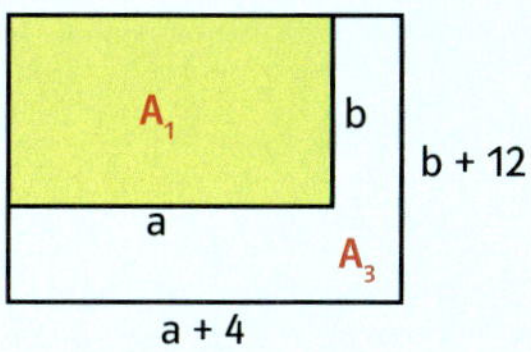

$A_1 = a \cdot b$

$A_2 = a \cdot b + 384$ (1)

$A_2 = (a + 12) \cdot (b + 4)$ (2)

$A_3 = a \cdot b + 544$ (3)

$A_3 = (a + 4) \cdot (b + 12)$ (4)

(1) = (2): $(a + 12) \cdot (b + 4) = a \cdot b + 384$

$ab + 4a + 12b + 48 = ab + 384 \quad | -48$

$4a + 12b = 336 \quad (5)$

(3) = (4): $(a + 4)\ (b + 12) = ab + 544$

$ab + 12a + 4b + 48 = ab + 544$

$12a + 4b = 496 \quad (6)$

Additionsverfahren:

(5) + 6): $4a + 12b = 336 \quad | \cdot(-3)$

$12a + 4b = 496$

$-12a - 36b = -1008$

$12a + 4b = 496$

$0 - 32b = -512 \quad | :(-32)$

$b = 16$ $\Rightarrow 4a + 12 \cdot 16 = 336$

$4a + 192 = 336 \quad | -192$

$4a = 144 \quad | :4$

$a = 36$

Die Seiten des Rechtecks sind 16 cm und 36 cm.

5

Vater: x Jahre; vor 8 Jahren: x − 8

Sohn: y Jahre; vor 8 Jahren: y − 8

Vor 8 Jahren war der Vater achtmal so alt wie sein Sohn damals:

$x - 8 = 8(y - 8)$

$x - 8 = 8y - 64 \quad | +8$

$x = 8y - 56 \quad (1)$

(1) = (2): $8y - 56 = 3y + 4 \quad | +56 - 3y$

$5y = 60 \quad | :5$

$y = 12$

Der Sohn ist 12 Jahre alt.

Vater in 2 Jahren: x + 2

Sohn in 2 Jahren: y + 2

In 2 Jahren wird der Vater dreimal so alt sein wie sein Sohn dann:

$x + 2 = 3(y + 2)$

$x + 2 = 3y + 6 \quad | -2$

$x = 3y + 4 \quad (2)$

Berechnung von x:

(2): $x = 3 \cdot 12 + 4$

$x = 40$

Der Vater ist 40 Jahre alt.

Test

1

Zunächst formst du die Gleichungen um: $3x - y = 9 \Rightarrow y = 3x - 9$ $\quad x = 2y + 0{,}5 \Rightarrow y = 0{,}5x - 0{,}25$

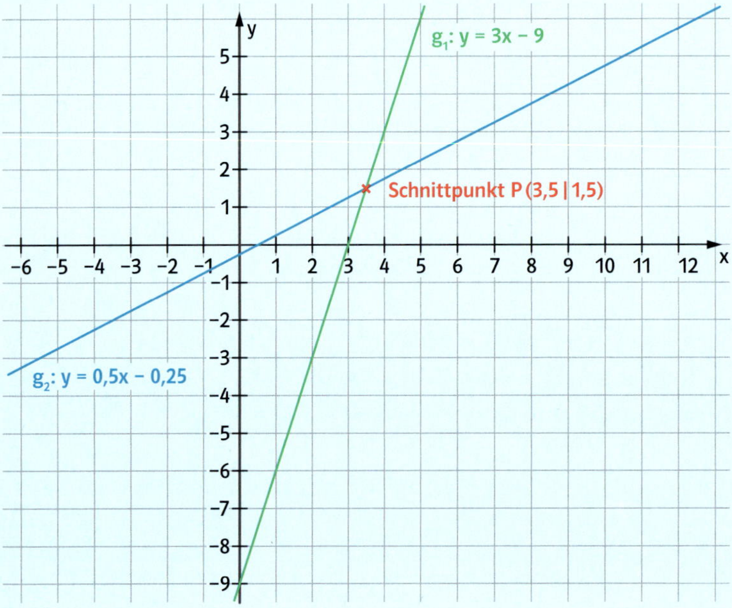

Die Lösungsmenge ist $L = \{(3{,}5 \mid 1{,}5)\}$.

2

$y_1 = y_2$: $\quad \frac{1}{2}x + 2 = -\frac{1}{2}x + 3 \quad | + \frac{1}{2}x - 2$

$\frac{1}{2}x + \frac{1}{2}x = 3 - 2$

$x = 1$

Berechnung von y:

$y = \frac{1}{2} \cdot 1 + 2$

$y = 2\frac{1}{2}$

$y = 2{,}5$

$L = \{(1 \mid 2{,}5)\}$

3

$2x - 3y - 4 = 0 \quad (1)$

$2x + y - 12 = 0 \quad (2) \qquad | \cdot (-1)$

$2x - 3y = 4$

$-2x - y = -12$

$0 - 4y = -8 \qquad | : (-4)$

$y = 2$

(2): $\quad 2x + 2 - 12 = 0$

$2x = 10 \qquad | : 2$

$x = 5$

Lösungsmenge: $L = \{(2 \mid 5)\}$

4

$y = 25 - 3x \quad (1) \qquad 10x + 2y = 82 \quad (2)$

(1) in (2); $\quad 10x + 2(25 - 3x) = 82$

$10x + 50 - 6x = 82 \quad | -50$

$4x = 32 \quad | :4$

$x = 8$

(1): $y = 25 - 3 \cdot 8$

$y = 1$

Lösungsmenge $L = \{(8|1)\}$

5

a)

$4x - 5y = 32 \quad (1) \quad | \cdot (-2)$

$8x - 6y = 0 \quad (2)$

$-8x + 10y = -64$

$8x - 6y = 0$

$0 + 4y = -64 \quad | :4$

$y = -16$

(1): $4x + 5 \cdot 16 = 32 \quad | -80$

$4x = -48 \quad | :4$

$x = -12$

$L = \{(-12|-16)\}$

b)

$6y = 9x - 3 \quad (1)$

$6y = 18x - 48 \quad (2)$

(1) = (2):

$9x - 3 = 18x - 48 \quad | -9x + 48$

$45 = 9x \quad | :9$

$x = 5$

(1): $6y = 9 \cdot 5 - 3$

$6y = 42 \quad | :6$

$y = 7$

$L = \{(5|7)\}$

c)

$8p = 10q - 8 \quad (1)$

$q = p + 2 \quad (2)$

(2) in (1):

$8p = 10(p + 2) - 8$

$8p = 10p + 20 - 8 \quad | -10p$

$-2p = 12 \quad | :(-2)$

$p = -6$

(2): $q = -6 + 2$

$q = -4$

$L = \{(-6|-4)\}$

6

1. Sorte: Feingehalt x
2. Sorte: Feingehalt y

$10 \cdot x + 5 \cdot y = 800 \cdot 15 \quad (1)$

$5 \cdot x + 10 \cdot y = 850 \cdot 15 \quad (2) \quad | \cdot (-2)$

$10x + 5y = 12\,000$

$-10x - 20y = -25\,500$

$0 - 15y = -13\,500 \quad | :(15) \Rightarrow y = 900$

(1): $10x + 5 \cdot 900 = 12\,000$

$10x = 12000 - 4500$

$10x = 7500 \quad | :10 \Rightarrow x = 750$

Antwortsatz:
Der Feingehalt der
1. Sorte beträgt 750, der 2. Sorte 900

6 Prismen

6.1 Quader und Würfel

1

a) $O = 2\cdot(ab + bc + ac) = 2\cdot(5\,cm\cdot 8\,cm + 8\,cm\cdot 7\,cm + 5\,cm\cdot 7\,cm) = 2\cdot(40\,cm^2 + 56\,cm^2 + 35\,cm^2)$

$O = 2\cdot(131\,cm^2) = \mathbf{262\,cm^2}$

b) $O = 2\cdot(ab + bc + ac) = 2\cdot(10\,m\cdot 9\,m + 9\,m\cdot 1{,}5\,m + 10\,m\cdot 1{,}5\,m) = 2\cdot(90\,m^2 + 13{,}5\,m^2 + 15\,m^2)$

$O = 2\cdot(118{,}5\,m^2) = \mathbf{237\,m^2}$

c) $O = 2\cdot(ab + bc + ac) = 2\cdot(2{,}5\,dm\cdot 0{,}5m + 0{,}5m\cdot 4\,cm + 2{,}5\,dm\cdot 4\,cm)$

Hier kannst du nicht so wie oben weiterrechnen. Du musst zuerst alle Längen auf eine Einheit bringen. Die Einheit Dezimeter bietet sich hier an. Wenn du eine andere Einheit gewählt hast, ist dies auch richtig.

$O = 2\cdot(2{,}5\,dm\cdot 5\,dm + 5\,dm\cdot 0{,}4\,dm + 2{,}5\,dm\cdot 0{,}4\,dm) = 2\cdot(12{,}5\,dm^2 + 2\,dm^2 + 1\,dm^2)$

$O = 2\cdot(15{,}5\,dm^2) = \mathbf{31\,dm^2}$

d) $O = 2\cdot(ab + bc + ac) = 2\cdot(25\,mm\cdot 2\,cm + 2\,cm\cdot 0{,}005\,m + 25\,mm\cdot 0{,}005\,m)$

Die Einheit Zentimeter bietet sich hier als gemeinsame Einheit an. Wenn du mit einer anderen Einheit gerechnet hast, ist dies auch richtig.

$O = 2\cdot(2{,}5\,cm\cdot 2\,cm + 2\,cm\cdot 0{,}5\,cm + 2{,}5\,cm\cdot 0{,}5\,cm) = 2\cdot(5\,cm^2 + 1\,cm^2 + 1{,}25\,cm^2)$

$O = 2\cdot(7{,}25\,cm^2) = \mathbf{14{,}5\,cm^2}$

e) $O = 2\cdot(ab + bc + ac) = 2\cdot(0{,}032\,m\cdot 1\,m + 1\,m\cdot 15\,m + 0{,}032\,m\cdot 15\,m)$

$O = 2\cdot(0{,}032\,m^2 + 15\,m^2 + 0{,}48\,m^2) = 2\cdot(15{,}512\,m^2) = \mathbf{31{,}024\,m^2}$

f) $O = 2\cdot(ab + bc + ac) = 2\cdot(7320\,mm\cdot 0{,}05\,km + 0{,}05\,km\cdot 23{,}5\,m + 7320\,mm\cdot 23{,}5\,m)$

Die Einheit Meter bietet sich hier als gemeinsame Einheit an. Wenn du mit einer anderen Einheit gerechnet hast, ist dies auch richtig.

$O = 2\cdot(7{,}32\,m\cdot 50\,m + 50\,m\cdot 23{,}5\,m + 7{,}32\,m\cdot 23{,}5\,cm) = 2\cdot(366\,m^2 + 1175\,m^2 + 172{,}02\,m^2)$

$O = 2\cdot(1713{,}02\,m^2) = \mathbf{3426{,}04\,m^2}$

2

a) $O = 6\cdot(7\,cm)^2 = 6\cdot 49\,cm^2 = \mathbf{294\,cm^2}$

$V = (7\,cm)^3 = 7\,cm\cdot 7\,cm\cdot 7\,cm = \mathbf{343\,cm^3}$

b) $O = 6\cdot(3{,}5\,m)^2 = 6\cdot 12{,}25\,m^2 = \mathbf{73{,}5\,m^2}$

$V = (3{,}5\,m)^3 = 3{,}5\,m\cdot 3{,}5\,m\cdot 3{,}5\,m = \mathbf{42{,}875\,m^3}$

c) $O = 6\cdot(10{,}5\,dm)^2 = 6\cdot 110{,}25\,dm^2 = \mathbf{661{,}5\,dm^2}$

$V = (10{,}5\,dm)^3 = 10{,}5\,dm\cdot 10{,}5\,dm\cdot 10{,}5\,dm = \mathbf{1157{,}625\,dm^3}$

3

a) $V = a^3 = (3\,cm)^3 = $ **27 cm³**

b) $V = a \cdot b \cdot c = 5\,cm \cdot 33\,cm \cdot 2\,cm = $ **330 cm³**

c) $V = a^3 = (2{,}7\,km)^3 = $ **19,683 km³**

d) $V = a \cdot b \cdot c = 5{,}2\,m \cdot 27\,cm \cdot 5230\,mm$

Länge, Höhe und Breite des Quaders sind hier mit unterschiedlichen Einheiten angegeben. Bevor du weiterrechnen kannst, musst du alle Längen auf eine Einheit bringen.

$V = a \cdot b \cdot c = 52\,dm \cdot 2{,}7\,dm \cdot 52{,}3\,dm = $ **7342,92 dm³**

4

a) Um das Volumen des gesamten Körpers zu berechnen, kannst du das Volumen eines kleinen Quaders berechnen und mit acht (Anzahl der kleinen Quader) multiplizieren.

$V = 8 \cdot (a \cdot b \cdot c) = 8 \cdot (11{,}5\,cm \cdot 23{,}2\,cm \cdot 4{,}5\,cm) = 8 \cdot 1200{,}6\,cm^3 = $ **9604,8 cm³**

Beim Zusammenlegen der kleinen Quader verringert sich die Oberfläche. Alle zusammengelegten Oberflächen verschwinden. Du musst nur noch die Oberfläche des gesamten Körpers berechnen.

$O = 2 \cdot (ab + bc + ac)$, wobei $a = 2 \cdot 11{,}5\,cm$; $b = 23{,}2\,cm$; $c = 4 \cdot 4{,}5\,cm$

$O = 2 \cdot (23\,cm \cdot 23{,}2\,cm + 23{,}2\,cm \cdot 18\,cm + 23\,cm \cdot 18\,cm) = 2 \cdot (533{,}6\,cm^2 + 417{,}6\,cm^2 + 414\,cm^2)$

$O = 2 \cdot (1365{,}2\,cm^2) = $ **2730,4 cm²**

b) Du musst das Volumen eines kleinen Quaders mit 15 multiplizieren.

$V = 15 \cdot (a \cdot b \cdot c) = 15 \cdot (2{,}5\,m \cdot 18{,}7\,m \cdot 12{,}5\,m) = 15 \cdot (584{,}375\,m^3) = $ **8765,625 m³**

Es gibt mehrere Möglichkeiten, die Oberfläche des gesamten Körpers zu berechnen. Eine wird dir hier vorgestellt. Die vordere Fläche des kleinen Quaders kommt insgesamt 15-mal vor. Die hintere Fläche ist genauso groß wie die vordere Fläche. Somit kommt diese Fläche 30-mal vor. Die rechte Fläche des kleinen Quaders kommt insgesamt zweimal vor. Rechnet man die genauso große linke Fläche dazu, so kommt diese Fläche viermal vor. Die obere und untere Fläche sind identisch. Diese Flächen kommen insgesamt 18-mal vor. Somit ergibt sich:

$O = 30 \cdot A_{vorne} + 4 \cdot A_{rechts} + 18 \cdot A_{unten} = 30 \cdot 2{,}5\,m \cdot 12{,}5\,m + 4 \cdot 18{,}7\,m \cdot 12{,}5\,m + 18 \cdot 2{,}5\,m \cdot 18{,}7\,m$

$O = 937{,}5\,m^2 + 935\,m^2 + 841{,}5\,m^2 = $ **2714 m²**

6.2 Netz und Oberfläche von Prismen

1

a) Das Dreieck A_4 fehlt zum vollständigen Netz dieses Prismas.

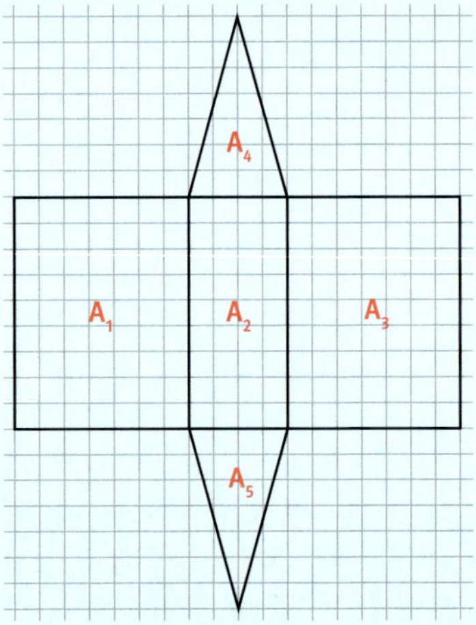

Die Oberfläche dieses Prismas besteht aus fünf Einzelflächen.

$O = A_1 + A_2 + A_3 + A_4 + A_5$

$O = 3{,}5\,cm \cdot 4{,}5\,cm + 2\,cm \cdot 4{,}5\,cm + 3{,}5\,cm \cdot 4{,}5\,cm + \frac{1}{2} \cdot 2\,cm \cdot 3{,}5\,cm + \frac{1}{2} \cdot 2\,cm \cdot 3{,}5\,cm$

$O = 15{,}75\,cm^2 + 9\,cm^2 + 15{,}75\,cm^2 + 3{,}5\,cm^2 + 3{,}5\,cm^2$

$= 47{,}5\,cm^2$

b) Bei diesem Netz fehlen vier Rechtecke und ein Fünfeck. Die Rechtecke können auch anders angeordnet werden.

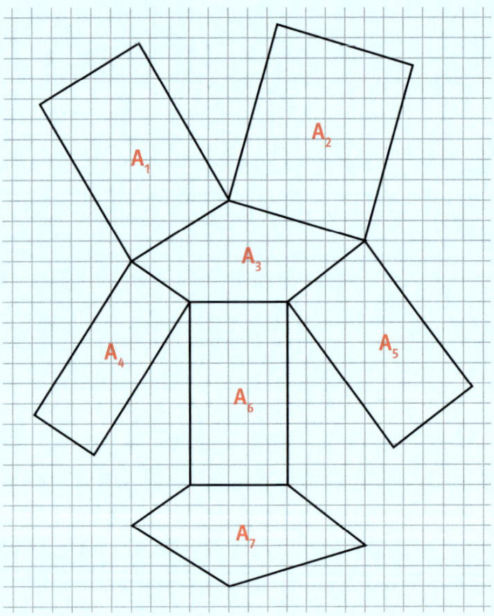

Die Oberfläche besteht aus sieben Einzeloberflächen.

$O = A_1 + A_2 + A_3 + A_4 + A_5 + A_6 + A_7$

Die Grund- und Deckfläche (A_3 und A_7) des Prismas muss gesondert berechnet werden. Dazu muss das Fünfeck in drei Dreiecke zerlegt werden.

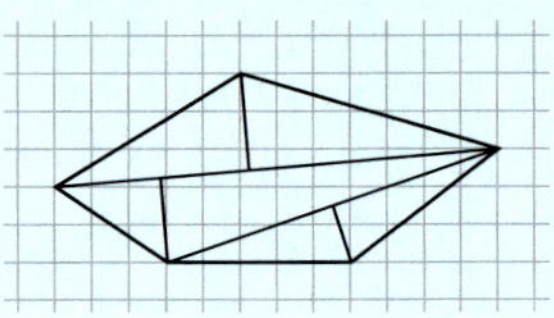

$A_3 = A_7 = \frac{1}{2} \cdot 6{,}2\,cm \cdot 1{,}3\,cm + \frac{1}{2} \cdot 6{,}2\,cm \cdot 1{,}2\,cm + \frac{1}{2} \cdot 4{,}7\,cm \cdot 0{,}7\,cm$

$= 4{,}03\,cm^2 + 3{,}72\,cm^2 + 1{,}645\,cm^2$

$A_3 = A_7 = 9{,}395\,cm^2.$

$O = A_1 + A_2 + A_3 + A_4 + A_5 + A_6 + A_7 = 3\,cm \cdot 4{,}5\,cm + 3{,}7\,cm \cdot 4{,}5\,cm + 9{,}395\,cm^2 + 1{,}8\,cm \cdot 4{,}5\,cm + 2{,}5\,cm \cdot 4{,}5\,cm + 2{,}5\,cm \cdot 4{,}5\,cm + 9{,}395\,cm^2$

$O = 13{,}5\,cm^2 + 16{,}65\,cm^2 + 9{,}395\,cm^2 + 8{,}1\,cm^2 + 11{,}25\,cm^2 + 11{,}25\,cm^2 + 9{,}395\,cm^2$

$O = 79{,}54\,cm^2$. Leichte Abweichungen vom Ergebnis sind möglich.

c) Zur Vervollständigung des Netzes muss die Grundfläche A_6 eingezeichnet werden.

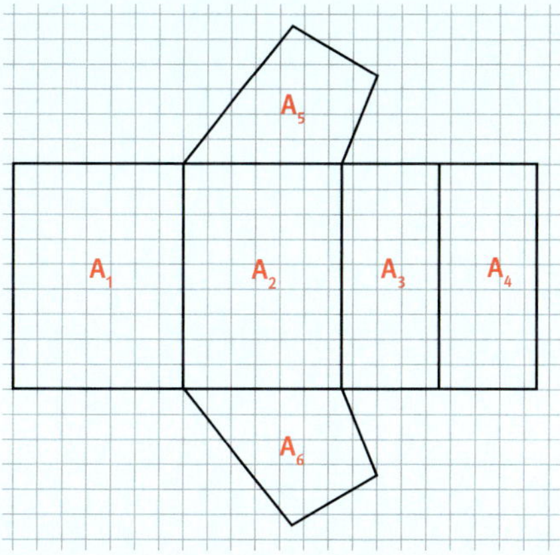

Die Gesamtoberfläche ist aus sechs Teiloberflächen zusammengesetzt.

$O = A_1 + A_2 + A_3 + A_4 + A_5 + A_6$

Die Flächen A_1 bis A_4 sind Rechtecke. Die Grund- und Deckfläche muss in zwei Dreiecke aufgeteilt werden.

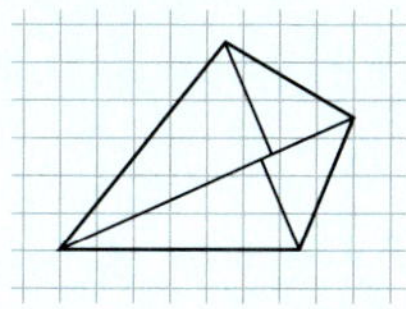

$A_5 = A_6 = \frac{1}{2} \cdot 4{,}4\,\text{cm} \cdot 1{,}6\,\text{cm} + \frac{1}{2} \cdot 4{,}4\,\text{cm} \cdot 1{,}8\,\text{cm}$

$A_5 = A_6 = 3{,}52\,\text{cm}^2 + 3{,}96\,\text{cm}^2 = 7{,}48\,\text{cm}^2$

Auf Grund der Zeichengenauigkeit kann dein Ergebnis davon abweichen.

$O = A_1 + A_2 + A_3 + A_4 + A_5 + A_6$ wobei A_1 bis A_4 ein großes Rechteck bilden. Dieses kann einzeln berechnet werden. Dieses Vorgehen wird im Weiteren angewendet.

$O = 10{,}7\,\text{cm} \cdot 4{,}5\,\text{cm} = 48{,}15\,\text{cm}^2 = 48{,}15\,\text{cm}^2 + 2 \cdot 7{,}48\,\text{cm}^2 = \mathbf{63{,}11\,\text{cm}^2}$

2

a) $G = \frac{1}{2} \cdot 30\,\text{cm} \cdot 40\,\text{cm} = 600\,\text{cm}^2$; $M = 30\,\text{cm} \cdot 25\,\text{cm} + 40\,\text{cm} \cdot 25\,\text{cm} + 50\,\text{cm} \cdot 25\,\text{cm} = 3000\,\text{cm}^2$

$O = 2 \cdot 600\,\text{cm}^2 + 3000\,\text{cm}^2 = \mathbf{4200\,\text{cm}^2}$

b) $G = \frac{1}{2} \cdot 18{,}7\,\text{cm} \cdot 9\,\text{cm} = 84{,}15\,\text{cm}^2$; Die Mandelfläche kann durch Addition der Seitenlängen leichter berechnet werden. $M = (18{,}7\,\text{cm} + 12\,\text{cm} + 14\,\text{cm}) \cdot 25\,\text{cm} = 1117{,}5\,\text{cm}^2$

$O = 2 \cdot 84{,}15\,\text{cm}^2 + 1117{,}5\,\text{cm}^2 = \mathbf{1285{,}8\,\text{cm}^2}$

c) $G = \frac{1}{2}(16\,\text{cm} + 22\,\text{cm}) \cdot 10\,\text{cm} = 190\,\text{cm}^2$; $M = (22\,\text{cm} + 10{,}44\,\text{cm} + 16\,\text{cm} + 10{,}44\,\text{cm}) \cdot 25\,\text{cm} = 1472\,\text{cm}^2$

$O = 2 \cdot 190\,\text{cm}^2 + 1472\,\text{cm}^2 = \mathbf{1852\,\text{cm}^2}$

d) $G = 33\,\text{cm} \cdot 16\,\text{cm} = 528\,\text{cm}^2$; $M = (33\,\text{cm} + 22{,}6\,\text{cm} + 33\,\text{cm} + 22{,}6\,\text{cm}) \cdot 25\,\text{cm} = 2780\,\text{cm}^2$

$O = 2 \cdot 528\,\text{cm}^2 + 2780\,\text{cm}^2 = \mathbf{3836\,\text{cm}^2}$

e) Die Grundfläche ist hier in drei Dreiecke aufgeteilt. Zuerst muss die Fläche der Dreiecke berechnet werden.

$G = \frac{1}{2} \cdot 14{,}5\,\text{cm} \cdot 3\,\text{cm} + \frac{1}{2} \cdot 14{,}5\,\text{cm} \cdot 3\,\text{cm} + \frac{1}{2} \cdot 12{,}5\,\text{cm} \cdot 2{,}5\,\text{cm} = 21{,}75\,\text{cm}^2 + 21{,}75\,\text{cm}^2 + 15{,}625\,\text{cm}^2$

$G = 59{,}125\,\text{cm}^2$; $M = (8{,}1\,\text{cm} + 3{,}8\,\text{cm} + 7{,}9\,\text{cm} + 5{,}6\,\text{cm} + 7{,}6\,\text{cm}) \cdot 25\,\text{cm} = 825\,\text{cm}^2$

$O = 2 \cdot 59{,}125\,\text{cm}^2 + 825\,\text{cm}^2 = \mathbf{943{,}25\,\text{cm}^2}$

6.3 Schrägbilder von Prismen

1

a)

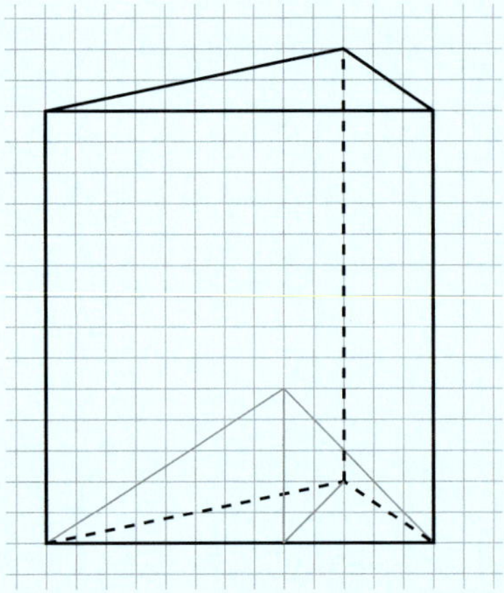

b)

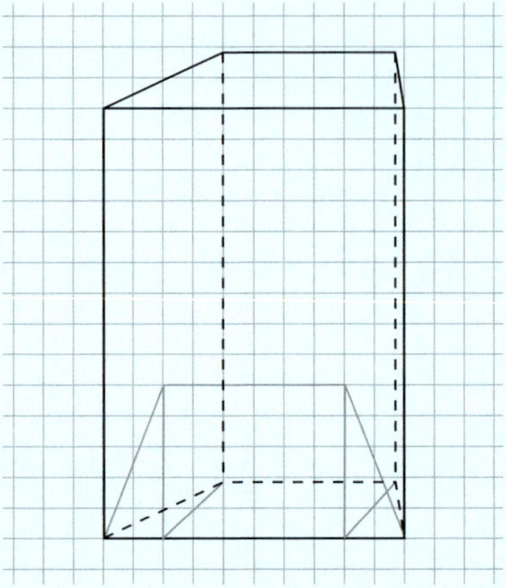

c)

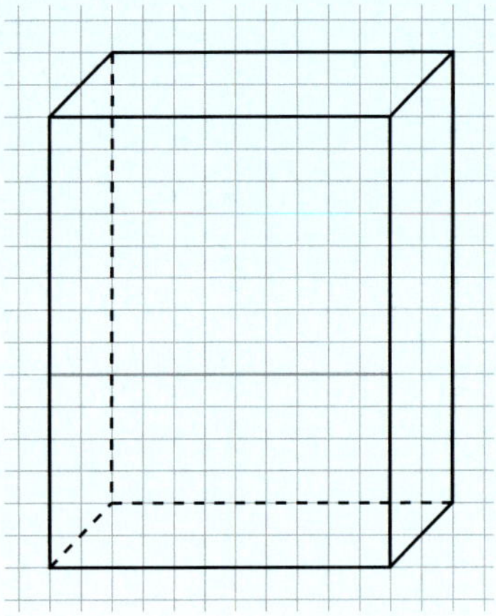

d)

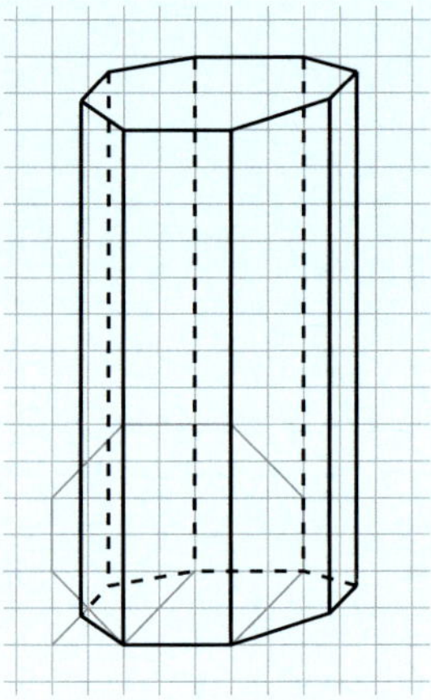

2

a)

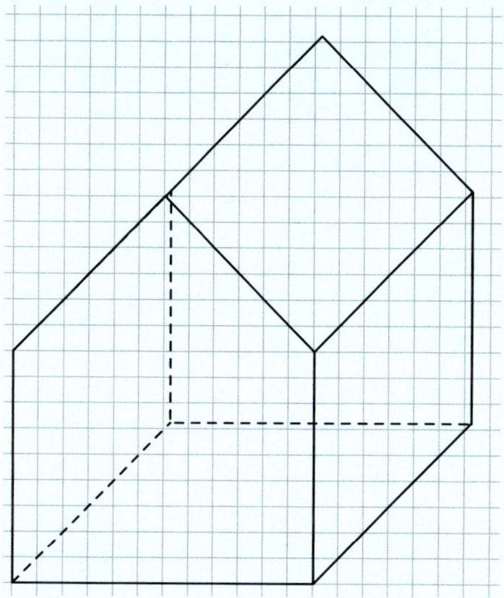

b)

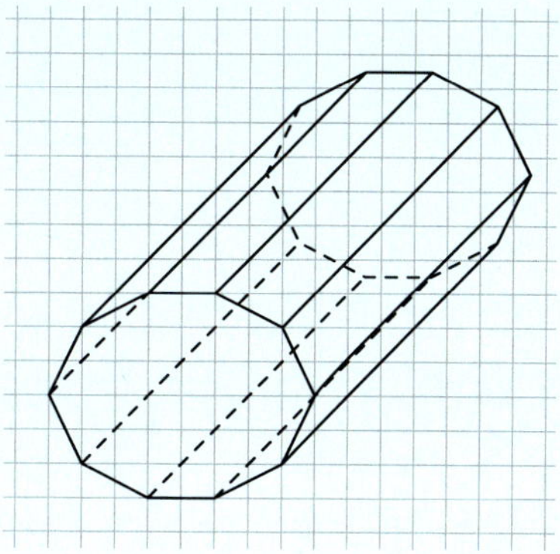

6.4 Volumen von Prismen

1

a) $V = G \cdot h = a^2 \cdot h = (5\,cm)^2 \cdot 7\,cm = 175\,cm^3$

b) $V = G \cdot h = \frac{a+b}{2} \cdot h_{Trapez} \cdot h = \frac{6{,}5\,m + 12\,m}{2} \cdot 7{,}5\,m \cdot 7\,cm = \frac{6{,}5\,m + 12\,m}{2} \cdot 7{,}5\,m \cdot 0{,}07\,m = 4{,}86\,m^3$

Hast du gemerkt, dass die Längenangaben hier unterschiedliche Einheiten haben?

c) $V = G \cdot h = \frac{1}{2} \cdot c \cdot h_c \cdot h = \frac{1}{2} \cdot 6\,cm \cdot 3\,cm \cdot 7\,cm = 63\,cm^3$

d) $V = G \cdot h = \frac{a+b}{2} \cdot h_{Trapez} \cdot h = \frac{85\,dm + 13\,dm}{2} \cdot 8{,}5\,dm \cdot 7\,cm = \frac{85\,dm + 13\,dm}{2} \cdot 8{,}5\,dm \cdot 0{,}7\,dm = 63{,}96\,dm^3$

Auch hier hatten die Längenangaben unterschiedliche Einheiten.

2

a) $V = G \cdot h = \frac{1}{2} \cdot c \cdot h_c \cdot h = \frac{1}{2} \cdot 1{,}5\,mm \cdot 0{,}5\,mm \cdot 2\,mm = 0{,}75\,mm^3$

b) $V = G \cdot h = \frac{a+b}{2} \cdot h_{Trapez} \cdot h = \frac{4{,}2\,cm + 5{,}3\,cm}{2} \cdot 4{,}1\,cm \cdot 9{,}4\,cm = 187{,}53\,cm^3$

c) Dieses Prisma ist aus zwei Trapezprismen aufgebaut. Um das Volumen zu berechnen, musst du zuerst das Volumen der zwei Trapezprismen berechnen und diese addieren.

$V = V_{Prisma\ oben} + V_{Prisma\ unten} = \frac{a+b}{2} \cdot h_{Trapez\ oben} \cdot h + \frac{a+b}{2} \cdot h_{Trapez\ unten} \cdot h$

$V = \frac{5{,}5\,m + 2{,}8\,m}{2} \cdot 3\,m \cdot 25\,m + \frac{5{,}5\,m + 3{,}3\,m}{2} \cdot 3\,m \cdot 25\,m = 311{,}25\,m^3 + 330\,m^3 = 641{,}25\,m^3$

6.5 Zusammengesetzte Körper

1

a) Das Volumen des zusammengesetzten Körpers ergibt sich aus der Addition der Volumen der drei Quader.

$V = V_1 + V_2 + V_3 = 3{,}9\,cm \cdot 15{,}4\,cm \cdot 5{,}7\,cm + 1\,cm \cdot 3\,cm \cdot 2{,}1\,cm + 0{,}7\,cm \cdot 1{,}6\,cm \cdot 0{,}9\,cm$

$V = 342{,}342\,cm^3 + 6{,}3\,cm^3 + 1{,}008\,cm^3 = 349{,}65\,cm^3$

Um die Oberfläche zu bestimmen, kannst du zuerst die Oberfläche von jedem Quader berechnen und addieren. Danach musst du die Kontaktflächen jeweils zweimal abziehen.

$O = O_1 + O_2 + O_3 - 2 \cdot A_{Kontakt\,1} - 2 \cdot A_{Kontakt\,2}$

$O_1 = 2 \cdot 3{,}9\,cm \cdot 15{,}4\,cm + 2 \cdot 5{,}7\,cm \cdot 15{,}4\,cm + 2 \cdot 3{,}9\,cm \cdot 5{,}7\,cm = 340{,}14\,cm^2$

$O_2 = 2 \cdot 1\,cm \cdot 3\,cm + 8\,cm \cdot 2{,}1\,cm = 6\,cm^2 + 16{,}8\,cm^2 = 22{,}8\,cm^2$

$O_3 = 2 \cdot 0{,}7\,cm \cdot 1{,}6\,cm + 2 \cdot 7{,}8\,cm \cdot 0{,}9\,cm = 2{,}24\,cm^2 + 14{,}04\,cm^2 = 16{,}28\,cm^2$

$A_{Kontakt\,1} = 1\,cm \cdot 3\,cm = 3\,cm^2$

$A_{Kontakt\,2} = 0{,}7\,cm \cdot 1{,}6\,cm = 1{,}12\,cm^2$

$O = O_1 + O_2 + O_3 - 2 \cdot A_{Kontakt1} - 2 \cdot A_{Kontakt2} = 340{,}14\,cm^2 + 22{,}8\,cm^2 + 16{,}28\,cm^2 - 2 \cdot 3\,cm^2 - 2 \cdot 1{,}12\,cm^2$

$O = 370{,}98\,cm^2$

b) Das Volumen kann durch Addition des Volumens des Trapez- und des Dreiecksprismas bestimmt werden.

$V = V_{Trapezprisma} + V_{Dreiecksprisma}$

$V_{Trapezprisma} = \frac{53\,m + 15}{2} \cdot 6{,}3\,m \cdot 45\,m = 2877{,}525\,m^3$

$V_{Dreiecksprisma} = \frac{1}{2} \cdot 5{,}3\,m \cdot 2{,}4\,m \cdot 12\,m = 76{,}32\,m^3$

$V = V_{Trapezprisma} + V_{Dreiecksprisma} = 2877{,}525\,m^3 + 76{,}32\,m^3 = 2953{,}845\,m^3$

Die Oberfläche des zusammengesetzten Körpers kannst du durch Addition der Oberfläche des Trapez- und Dreiecksprismas berechnen. Allerdings musst du danach zweimal die Kontaktfläche wieder subtrahieren.

$O = O_{Trapezprisma} + O_{Dreiecksprisma} - 2 \cdot O_{Kontakt}$

$O_{Trapezprisma} = 2 \cdot \frac{15\,m + 5{,}3\,m}{2} \cdot 6{,}3\,m + (15\,m + 8\,m + 5{,}3\,m + 8\,m) \cdot 45\,m = 127{,}89\,m^2 + 1633{,}5\,m^2 = 1761{,}39\,m^2$

$O_{Dreiecksprisma} = 2 \cdot \frac{1}{2} \cdot 5{,}3\,m \cdot 2{,}4\,m + (5{,}3\,m + 3{,}1\,m + 3{,}1\,m) \cdot 12\,m = 12{,}72\,m^2 + 138\,m^2 = 150{,}72\,m^2$

$O_{Kontakt} = \frac{1}{2} \cdot 5{,}3\,m \cdot 2{,}4\,m = 6{,}36\,m^2$

$O = O_{Trapezprisma} + O_{Dreiecksprisma} - 2 \cdot O_{Kontakt} = 176{,}39\,m^2 + 150{,}72\,m^2 - 2 \cdot 6{,}36\,m^2 = 1898{,}39\,m^2$

2

a) $V = V_{Parallelogrammprisma} + V_{Trapezprisma}$

$V_{Parallelogrammprisma} = 6{,}8\,dm \cdot 3{,}7\,dm \cdot 22\,dm = 553{,}52\,dm^3$

$V_{Trapezprisma} = \frac{6{,}8\,dm + 5{,}2\,dm}{2} \cdot 3{,}2\,dm \cdot 22\,dm = 422{,}4\,dm^3$

$V = V_{Parallelogrammprisma} + V_{Trapezprisma} = 553{,}52\,dm^3 + 422{,}4\,dm^3 = 975{,}92\,dm^3$

Bei der Berechnung der Oberfläche kannst du wieder die Oberfläche der beiden Prismen berechnen und dann die Kontaktfläche zweimal abziehen.

$O = O_{Parallelogramprismma} + O_{Trapezprisma} - 2 \cdot O_{Kontakt}$

$O_{Parallelogrammprisma} = 2 \cdot 6{,}8\,dm \cdot 3{,}7\,dm + (6{,}8\,dm + 4{,}2\,dm + 6{,}8\,dm + 4{,}2\,dm) \cdot 22\,dm$

$= 50{,}32\,dm^2 + 484\,dm^2 = 534{,}32\,dm^2$

$O_{Trapezprisma} = 2 \cdot \frac{6{,}8\,dm + 5{,}2\,dm}{2} \cdot 3{,}2\,dm + (6{,}8\,dm + 3{,}3\,dm + 5{,}2\,dm + 3{,}3\,dm) \cdot 22\,dm$

$= 38{,}4\,dm^2 + 409{,}2\,dm^2 = 447{,}6\,dm^2$

$O_{Kontakt} = 6{,}8\,dm \cdot 22\,dm = 149{,}6\,dm^2$

$O = O_{Parallelogramprismma} + O_{Trapezprisma} - 2 \cdot O_{Kontakt} = 534{,}32\,dm^2 + 447{,}6\,dm^2 - 2 \cdot 149{,}6\,dm^2 = \mathbf{682{,}72\,dm^2}$

b) Der zusammengesetzte Körper ist aus zwei Quadern und einem Dreiecksprisma aufgebaut.

$V = V_{Quaderklein} + V_{Quadergroß} + V_{Dreiecksprisma}$

$V_{Quaderklein} = 3\,mm \cdot 2{,}8\,mm \cdot 8{,}3\,mm = 69{,}72\,mm^3$

$V_{Quadergroß} = 6{,}4m \cdot 2{,}8\,mm \cdot 8{,}3\,mm = 148{,}736\,mm^3$

$V_{Dreiecksprisma} = \frac{1}{2} \cdot 2{,}8\,mm \cdot 6{,}4\,mm \cdot 3{,}8\,mm = 34{,}048\,mm^3$

Das Dreiecksprisma hat ein rechtwinkliges Dreieck als Grundfläche. Somit ist die Höhe des Dreiecks durch eine Seite gegeben.

$V = V_{Quaderklein} + V_{Quadergroß} + V_{Dreiecksprisma} = 69{,}72\,mm^3 + 148{,}736\,mm^3 + 34{,}048\,mm^3 = \mathbf{252{,}504\,mm^3}$

Um die Oberfläche des Körpers möglichst einfach zu berechnen, kannst du die Oberfläche der zwei Quader zusammen berechnen. Bei der Berechnung der Dreiecksprismaoberfläche kannst du die Grund- und Deckfläche weg lassen. So musst du später nicht die Kontaktfläche wieder subtrahieren.

$O = O_{Quader} + O_{MantelDreiecksprisma}$

$O_{Quader} = 2 \cdot 9{,}4\,mm \cdot 8{,}3\,mm + 2 \cdot 2{,}8\,mm \cdot 8{,}3\,mm + 2 \cdot 9{,}4\,mm \cdot 2{,}8\,mm = 255{,}16\,mm^2$

$O_{MantelDreiecksprisma} = (7\,mm + 2{,}8\,mm + 6{,}4\,mm) \cdot 3{,}8\,mm = 61{,}56\,mm^2$

$O = O_{Quader} + O_{MantelDreiecksprisma} = 255{,}16\,mm^2 + 61{,}56\,mm^2 = \mathbf{316{,}72\,mm^2}$

Test

1

Für jede richtige Volumen- oder Oberflächenangabe kannst du dir 0,5 Punkte geben.

a) $V = a \cdot b \cdot c = 5\,m \cdot 2\,m \cdot 8\,m = \mathbf{80\,m^3}$ $O = 2 \cdot 5\,m \cdot 2\,m + 2 \cdot 2\,m \cdot 8\,m + 2 \cdot 5\,m \cdot 8\,m = \mathbf{132\,m^2}$

b) $V = a^3 = (4{,}5\,m)^3 = \mathbf{91{,}125\,m^3}$ $O = 6 \cdot a^2 = 6 \cdot (4{,}5\,m)^2 = \mathbf{121{,}5\,m^2}$

c) $V = \frac{1}{2} c \cdot h_c \cdot h = \frac{1}{2} \cdot 3\,m \cdot 2{,}6\,m \cdot 8\,m = \mathbf{31{,}2\,m^2}$ $O = \frac{1}{2} \cdot 3\,m \cdot 3{,}4\,m + 3 \cdot 3\,m \cdot 8\,m = \mathbf{77{,}1\,m^2}$

d) $V = a \cdot h_a \cdot h = 4{,}5\,m \cdot 2{,}5\,m \cdot 8{,}5\,m = \mathbf{95{,}625\,m^3}$

$O = 2 \cdot 4{,}5\,m \cdot 2{,}5\,m + 2 \cdot 3\,m \cdot 8{,}5\,m + 2 \cdot 4{,}5\,m \cdot 8{,}5\,m = \mathbf{150\,m^2}$

Das Parallelogrammprisma hat sowohl das höchste Volumen (0,5P) als auch die größte Oberfläche (0,5P).

2

Vergleiche deine Zeichnungen. Für jedes richtig gezeichnete Netz erhältst du 1 Punkt. Dein Netz kann sich von dem hier gezeichneten unterscheiden, wenn du eine andere Reihenfolge der Flächen gewählt hast.

a)

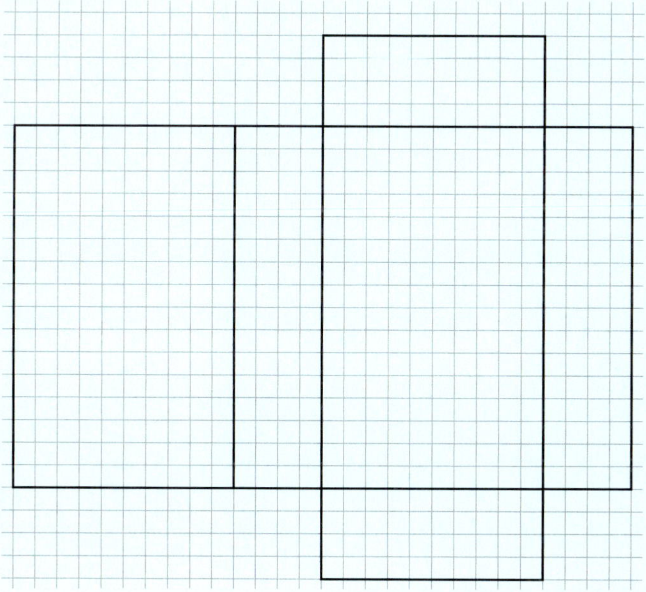

b)

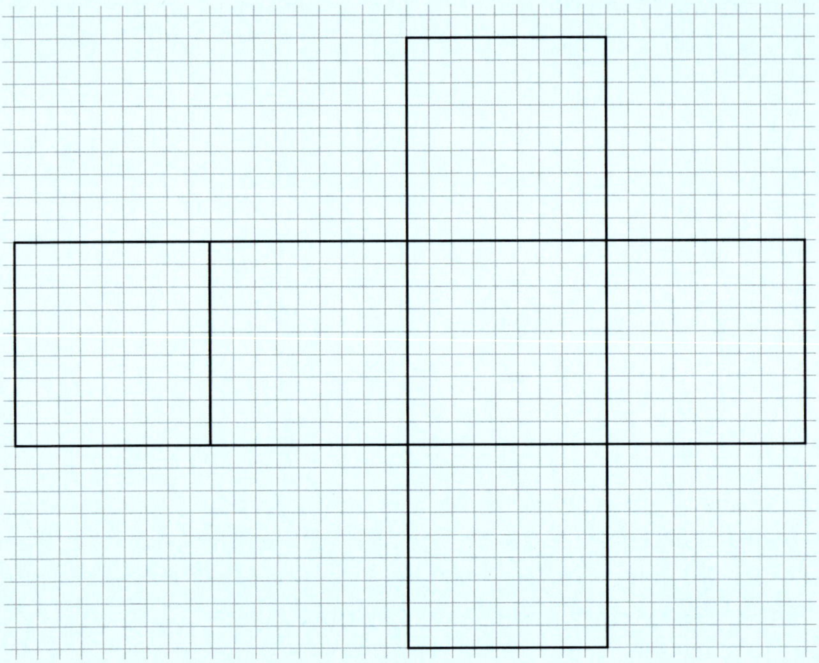

c)

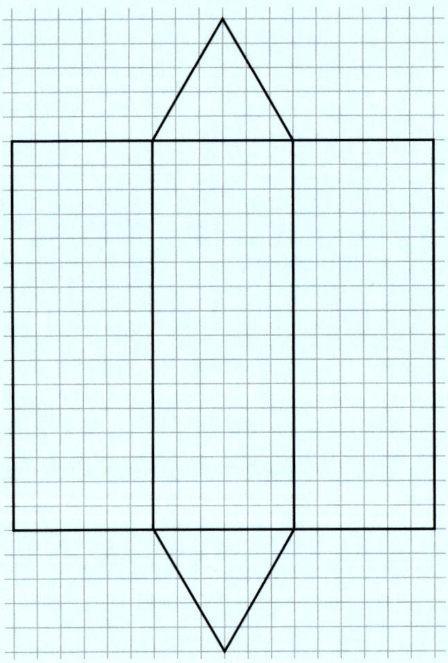

d)

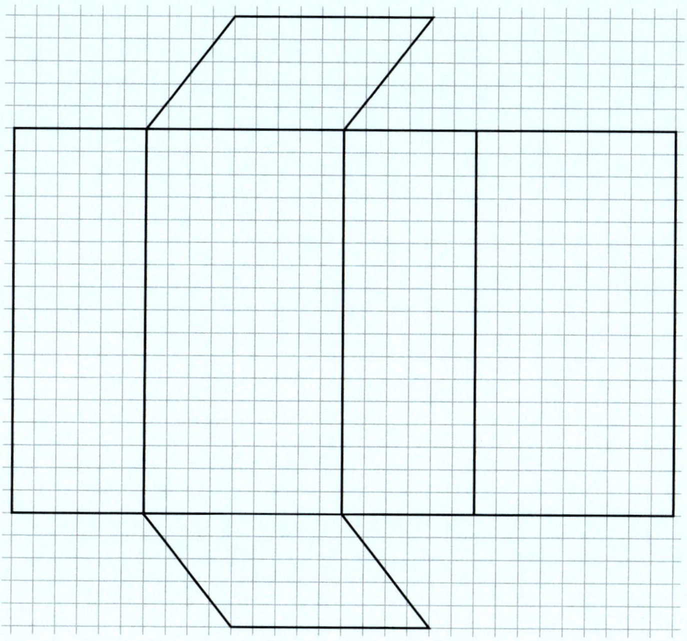

3

Für jedes richtig gezeichnete Schrägbild erhältst du einen Punkt.

a) Dreiecksprisma auf Grundseite

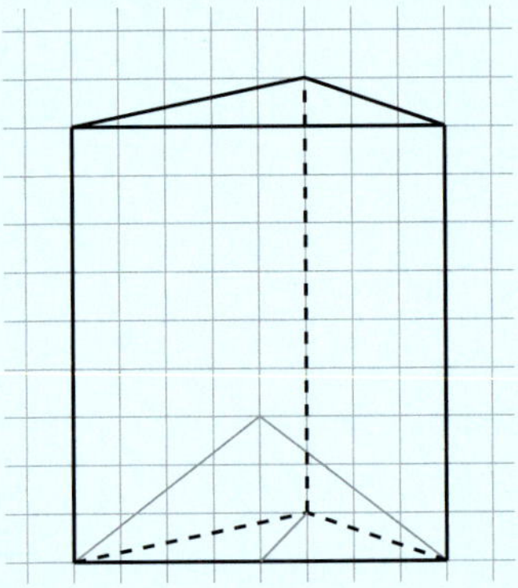

Dreiecksprisma auf Mantelfläche

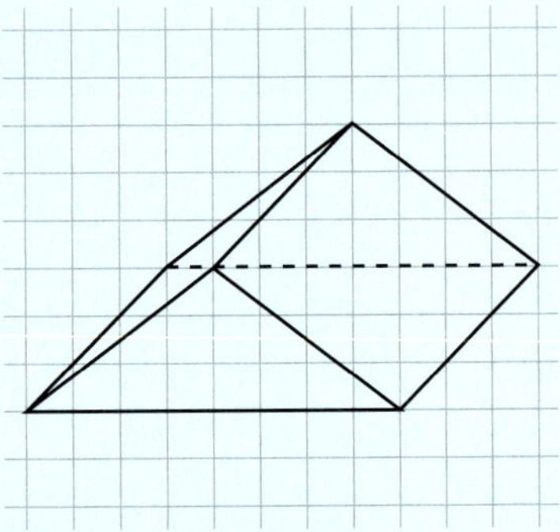

b) Parallelogrammprisma auf Grundseite

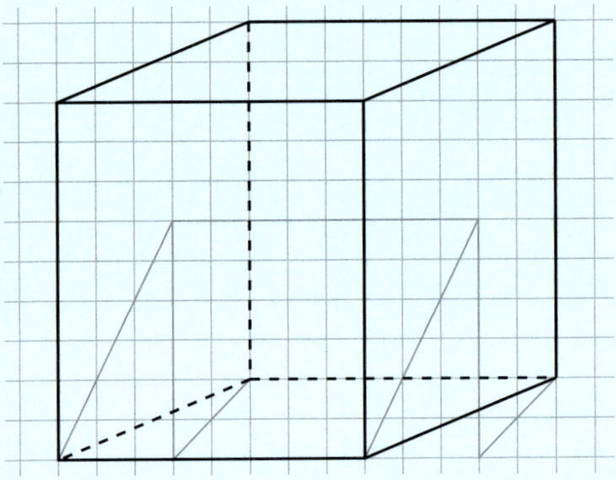

Parallelogrammprisma auf Mantelfläche

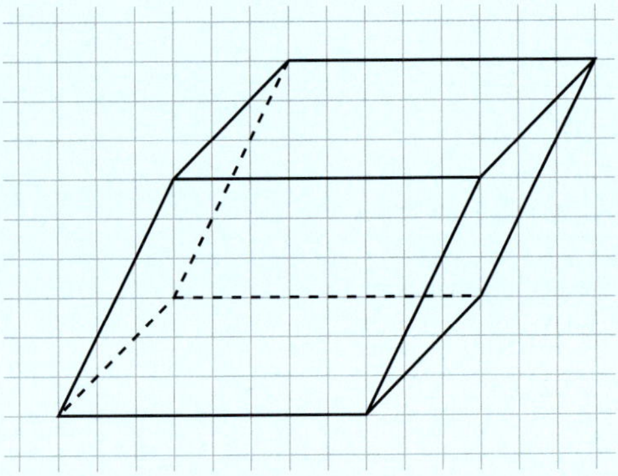

c) Trapezprisma auf Grundseite

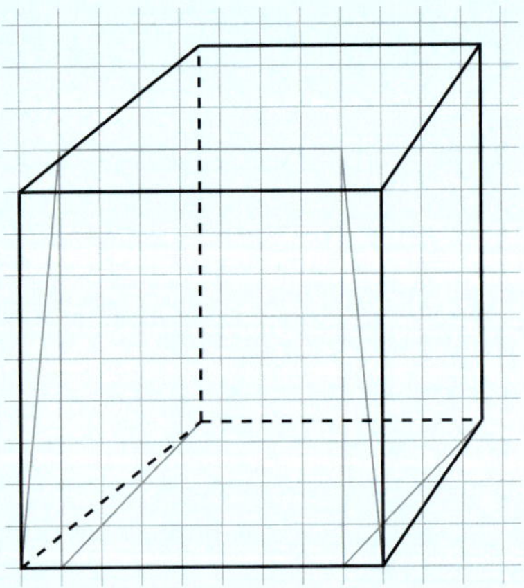

Trapezprisma auf Mantelfläche

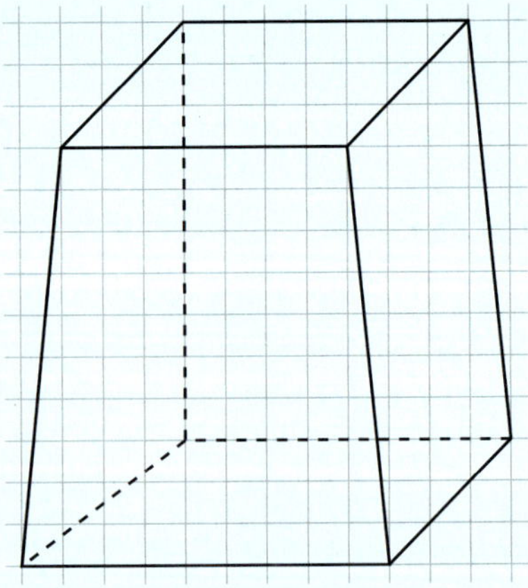

4

Für jedes berechnete Volumen und für jede berechnete Oberfläche eines einzelnen Körpers kannst du dir jeweils einen Punkt notieren. Hast du das Gesamtvolumen richtig berechnet, so erhältst du zusätzlich einen Punkt. Bei der Gesamtoberfläche ebenso.

Berechnung des Gesamtvolumens

Das Gesamtvolumen setzt sich aus drei verschiedenen Körpern zusammen.

$V = V_{Quader} + V_{Parallelogrammprisma} + V_{Dreiecksprisma}$

$V_{Quader} = 3\,m \cdot 6\,m \cdot 1{,}8\,m = \mathbf{32{,}4\,m^3}$

$V_{Parallelogrammprisma} = 3\,m \cdot 2\,m \cdot 9\,m = \mathbf{54\,m^3}$

$V_{Dreiecksprisma} = \frac{1}{2} \cdot 1\,m \cdot 0{,}7\,m \cdot 2{,}2\,m = \mathbf{0{,}77\,m^3}$

$V = V_{Quader} + V_{Parallelogrammprisma} + V_{Dreiecksprisma} = 32{,}4\,m^3 + 54\,m^3 + 0{,}77\,m^3$

$\mathbf{V = 87{,}17\,m^3}$

Berechnung der Gesamtoberfläche

$O = O_{Quader} + O_{Parallelogrammprisma} + O_{Dreiecksprisma} - 2 \cdot O_{Kontakt\,1} - 2 \cdot O_{Kontakt\,2}$

$O_{Quader} = 2 \cdot 3\,m \cdot 6\,m + (3\,m + 6\,m + 3\,m + 6\,m) \cdot 1{,}8\,m = 36\,m^2 + 32{,}4\,m^2 = \mathbf{68{,}4\,m^2}$

$O_{Parallelogrammprisma} = 2 \cdot 3\,m \cdot 2\,m + 2 \cdot 2{,}3\,m \cdot 9\,m + 2 \cdot 3\,m \cdot 9\,m = 12\,m^2 + 41{,}4\,m^2 + 54\,m^2 = \mathbf{107{,}4\,m^2}$

$O_{Dreiecksprisma} = 2 \cdot \frac{1}{2} \cdot 1\,m \cdot 0{,}7\,m + 3 \cdot 1\,m \cdot 2{,}2\,m = 0{,}7\,m^2 + 6{,}6\,m^2 = \mathbf{7{,}3\,m^2}$

$O_{Kontakt\,1} = 3\,m \cdot 6\,m = 18\,m^2$

$O_{Kontakt\,2} = \frac{1}{2} \cdot 1\,m \cdot 0{,}7\,m = 0{,}35\,m^2$

$O = O_{Quader} + O_{Parallelogrammprisma} + O_{Dreiecksprisma} - 2 \cdot O_{Kontakt\,1} - 2 \cdot O_{Kontakt\,2}$

$O = 43{,}2\,m^2 + 107{,}4\,m^2 + 7{,}3\,m^2 - 2 \cdot 18\,m^2 - 2 \cdot 0{,}35\,m^2$

$\mathbf{O = 121{,}2\,m^2}$

7 Prozente und Zinsen

7.1 Grundwert, Prozentwert und Prozentsatz

1

Mit Dreisatz

100 % sind 2600 €

1% ist 2600 : 100 = 26 €

7% sind 26 · 7 = **182 €**

Herr Müller spart 182 Euro monatlich.

Mit Formel

G = 2600 €; p = 7%

$P = \frac{2600\,€ \cdot 7\%}{100\,\%} = \mathbf{182\,€}$

2

Mit Dreisatz

100 % sind 189 €

20 % sind 189 : 100 · 20 = 37,80

Mit Formel

$P = \frac{189\,€ \cdot 20\,\%}{100\,\%} = \mathbf{37{,}80\,€}$

Es bleiben also noch 189 € − 37,80 € = **151,20 €** zu zahlen.

151,20 € : 14 € = **10,8 Raten** zu 14 € Sie zahlt 10 Raten zu 14 €, die 11. Rate beträgt 11,20 €.

Bei deiner Rechnung 151,20 € : 14 € erhältst du 10,8 als Anzahl der Raten. Hier musst du sinnvoller weise auf 11 Raten runden und den genauen Betrag der 11. Rate ermitteln.

3

Mit Dreisatz

500 Schüler sind 100 %

1 Schüler ist 100: 500 = 0,2 %

275 Schüler sind 275 · 0,2 = **55 %**

Mit Formel

G = 500 Schüler; P = 275 Schüler

$p = \frac{275 \cdot 100\,\%}{500} = \mathbf{55\,\%}$

55 % aller Schüler einer Schule haben schlechte Zähne.

4

Mit Dreisatz

2100 € sind 100 %

350€ sind 100 : 2100 · 350 = **16,7 %**

Der PC ist um 16,7% billiger geworden.

Mit Formel

$p = \frac{350\,€ \cdot 100\%}{2100\,€} = 16{,}66666 \approx \mathbf{16{,}7}$

5

Mit Dreisatz

37,6 Mio sind 100 %

17 Mio sind 100 : 37,6 · 17 = **45,2 %**

1,2 Mio sind 100 : 37,6 · 1,2 = **3,2 %**

19,4 Mio sind 100 : 37,6 · 19,4 = **51,6 %**

Mit Formel

$p_{Öl} = \frac{17\,\text{Mio} \cdot 100\,\%}{37{,}6\,\text{Mio}} = \mathbf{45{,}2\,\%}$

$p_{Kohle} = \frac{1{,}2\,\text{Mio} \cdot 100\,\%}{37{,}6\,\text{Mio}} = \mathbf{3{,}2\,\%}$

$p_{Gas} = \frac{19{,}4\,\text{Mio} \cdot 100\,\%}{37{,}6\,\text{Mio}} = \mathbf{51{,}6\,\%}$

6

Mit Dreisatz

19 % sind 530 €

100 % sind 530 : 19 · 100 = **2789,47 €**

Der Fernseher hätte netto 2789,47 € gekostet.

Mit Formel

P = 530 €; p = 19 %

$G = \frac{530\,€ \cdot 100\,\%}{19\,\%} = \mathbf{2789{,}47\,€}$

7

Mit Dreisatz

25 % sind 69 €

100 % sind 69 : 25 · 100 = **276 €**

Die Schuhe kosteten vorher 276 €.

Mit Formel

P = 69 €; p = 25 %

$G = \frac{69\,€ \cdot 100\,\%}{25\,\%} = \mathbf{276\,€}$

7.2 Vermehrter und verminderter Grundwert

1

a) „um 1,8 % zurückgehen“, das ergibt 98,2 %

q = 0,982

$G^- = 1{,}5$ Mio. Delikte in 2005

$G = \frac{1{,}5\,\text{Mio}}{0{,}982} =$ **1,5275 Mio.** Delikte in 2000

b) G = 1,5 Mio. Delikte in 2005

aufgeklärte Straftaten 2005:

p = 49,3 %

$P = \frac{1{,}5\,\text{Mio} \cdot 49{,}3\,\%}{100\,\%} = \mathbf{0{,}7395\,Mio}$

c) G = 1,5275 Mio. Delikte in 2000

p = 49,3 − 1,4 = 47,9 %

aufgeklärte Delikte 2000: $P = \frac{1{,}5275\,\text{Mio} \cdot 47{,}9\,\%}{100\,\%} = 0{,}7317$ Mio

2005 wurden 0,7395 − 0,7317 = 0,0078 Mio. = **7800** Straftaten mehr aufgeklärt als im Jahr 2000.

2

Mit dem Auto
79 km in 1 h
225 km in $(1:79) \cdot 225 = 2{,}85$ h (G)

Mit dem ICE
110 km in 1 h
225 km in $(1:110) \cdot 225 = 2{,}045$ h (G^-)

$G = 2{,}85$ h
$G^- = 2{,}045$ h

$q = \frac{G^-}{G} = \frac{2{,}045}{2{,}85} = 0{,}7175 \Rightarrow p = (1 - 0{,}7175) \cdot 100 = $ **28,2 %**

Die Reisedauer verkürzt sich im ICE um 28,2 %.

3

In dieser Aufgabe geht es nicht um Zunahme oder Verminderung. Du kannst also die neue Formel nicht benutzen. Rechne mit der P-Formel.

$P = 35751\,km^2$; $p \approx 10\,\% \Rightarrow G = \frac{35751 \cdot 100}{10} = $ **357 510 km²**.

Die Fläche der Bundesrepublik beträgt etwa 357 510 km²

4

$G = 19\,340$ ha Grünanlagen 2001

$G^+ = 24\,470$ ha

$q = \frac{24\,470\,ha}{19\,340\,ha} = 1{,}265 \Rightarrow p = $ **26,5 %**

Die Fläche der Grünanlagen hat sich von 2001 bis 2006 um 26,5 % erweitert.

5

In dieser Aufgabe geht es in a) und b) um dieselbe Frage.

a) $G = \frac{9600 \cdot 100}{8} = 120\,000$ Fälle

$120\,000 - 9600 = $ **110 400 Fälle** in diesem Jahr.

5a) Die Angabe 9600 Fälle bezieht sich auf die Differenz der beiden Jahre, also die Verminderung. Du musst zunächst mit der P-Formel den Grundwert und dann den verminderten Grundwert durch Subtraktion errechnen.

b) $q = 1 - \frac{p}{100} = 1 - 0{,}08 = 0{,}92$

$G^- = G \cdot q = 120\,000 \cdot 0{,}92$

G = 110 400

Es gab 110400 Ladendiebstähle in diesem Jahr.

6

$G = 10{,}6$ Mio.; $p = 2{,}3\,\% \Rightarrow q = 1{,}023$

$G^+ = 10{,}6 \cdot 1{,}023 = $ **10,8438 Mio.**

2003 hatte B-W rund 10 844 000 Einwohner.

7

a) Weibliche Einwohner heute

$G^+ = 301\,200$

weibl. Einwohner vor 10 Jahren:

$G = 286\,140$

$q = \frac{301\,200}{286\,140} = 1{,}0526\ldots$

$p = 5{,}26\,\% \approx$ **5,3 %**

Die weiblichen Einwohner haben um 5,3 % zugenommen.

b) männliche Einwohner heute:

$592\,000 - 301\,200 = 290\,800$

$p = 5{,}3\,\% \Rightarrow q = 1{,}053$

männl. Einwohner vor 10 Jahren:

$G = \frac{G^+}{q} = \frac{290\,800}{1{,}053} =$ **276 163**

Vor 10 Jahren lebten 276.163 männliche Einwohner in Stuttgart.

c) Die Bevölkerung hat um rund 5,3 % oder um rund 29 800 Einwohner zugenommen.

8

Gesamtberlin: 3 402 000 Einwohner

Im Westen:

2 238 300 Einwohner

Im Vorjahr:

$G^+ = 2\,238\,300$

$p = 2{,}6\,\% \Rightarrow q = 1{,}026$

$G = \frac{G^+}{q} = \frac{2\,238\,300}{1{,}026} = 2\,181\,579$

Im Osten:

Einwohner:

$3\,402\,000 - 2\,238\,300 = 1\,163\,700$

im Vorjahr:

$G^- = 1\,163\,700$

$p = 9{,}8\,\% \Rightarrow q = 0.902$

$G = \frac{G^-}{q} = \frac{1\,163\,700}{0{,}902} = 1\,290\,133$

Die Einwohnerzahl nahm im Osten um 1 290 133 − 1 163 700 = **126 433 Personen** ab.

9

Beispiele für Fragestellungen:

a) Um wie viel Prozent wurde das Streckennetz verringert? $q = \frac{115\,000}{108\,000} = 1{,}0648 \Rightarrow p = 6{,}5\,\%$

b) Wie viel km Schnellbahnstrecken hatte man vor 10 Jahren? $G = \frac{31\,000}{1{,}16} = 26\,724$ km

c) Wie viel Prozent des Streckennetzes der Deutschen Bahn sind Schnellbahnstrecken? $p = \frac{11\,000 \cdot 100}{29\,000} = 37{,}9\,\%$

d) Wie viel Prozentanteile hat die DB am gesamten europäischen Streckennetz? $p = \frac{29\,000 \cdot 100}{108\,000} = 26{,}9\,\%$

…

7.3 Zinsrechnung

1

a) K = 300 €
p = 4,5 %
$Z = \frac{K \cdot p}{100} = \frac{300 \cdot 4,5}{100} = 13,50\,€$

b) K = 650 €
p = 4,5 %
Z = 29,25 €

c) K = 1500 €
p = 4,5 %
Z = 67,50 €

d) K = 12.000 €
p = 4,5 %
Z = 540 €

2

Z = 750 €; p = 3 %

$Z = \frac{K \cdot p}{100} \Rightarrow K = \frac{Z \cdot 100}{p}$

$K = \frac{750\,€ \cdot 100\,\%}{3\,\%} = 25\,000\,€$

3

Diese Fragen lassen sich auch ohne Rechnung beantworten!

a) K = 50 €; Z = 50 €

$Z = \frac{K \cdot p}{100} \Rightarrow p = \frac{Z \cdot 100}{K} = \frac{50\,€ \cdot 100}{50\,€} = 100\,\%$

b) K = 2300 €; Z = 2300 : 2 = 1150 €

$Z = \frac{K \cdot p}{100} \Rightarrow p = \frac{Z \cdot 100}{K} = \frac{1150\,€ \cdot 100\,\%}{2300\,€} = 50\,\%$

4

Z = 150 €; p = 8,0 %

$Z = \frac{K \cdot p}{100} \Rightarrow K = \frac{Z \cdot 100}{p} = \frac{150\,€ \cdot 100\,\%}{8\,\%} = 1875\,€$

Siegfried darf sich nicht mehr als 1875 € von der Bank leihen.

5

Frau A:
K = 12 000 €; Z = 1275 €

$Z = \frac{K \cdot p}{100} \Rightarrow p = \frac{Z \cdot 100}{K} = \frac{1275\,€ \cdot 100\,\%}{12\,000\,€} = 10,625\,\%$

Herr B:
K = 18 000 €; Z = 1656 €

$Z = \frac{K \cdot p}{100} \Rightarrow = p = \frac{Z \cdot 100}{K} = \frac{1656\,€ \cdot 100\,\%}{18\,000\,€} = 9,2\,\%$

Der Kredit von Herrn B ist günstiger, weil er nur 9,2 % Zinsen und Frau A 10,625 % Zinsen bezahlt.

7.4 Monatszinsen und Tageszinsen

1

a) K = 2160 €; p = 4,5 %
m = ein Viertel Jahr

$Z = \frac{K \cdot p}{100} \cdot \frac{1}{4}$

$Z = \frac{2160\,€ \cdot 4,5\,\%}{100\,\%} \cdot \frac{1}{4}$

Z = 24,30 €

b) K = 960 €; p = 6 %
m = 5 Monate

$Z = K \cdot \frac{p}{100} \cdot \frac{m}{12}$

$Z = 960\,€ \cdot \frac{6\%}{100\,\%} \cdot \frac{5}{12}$

Z = 24 €

c) K = 5825 €; p = 3,25 %
t = 245 Tage.

$Z = K \cdot \frac{p}{100} \cdot \frac{t}{360}$

$Z = 5825\,€ \cdot \frac{3,25\,\%}{100\,\%} \cdot \frac{245}{360}$

Z = 128,84 €

2

K = 600 €; p = 4 %; m = 9 Monate

Karola erhält 18 € Zinsen.

$Z = 600\,€ \cdot \frac{4\,\%}{100\,\%} \cdot \frac{9}{12} = 18\,€$

3

Sparkonto

K = 5700 €; p = 2,2 %; t = 251

$Z = 5700\,€ \cdot \frac{2{,}2\,\%}{100\,\%} \cdot \frac{251}{360} = 87{,}43\,€$

Auf dem Sparkonto werden ihm 87,43 € Zinsen gutgeschrieben.

Festgeldkonto

K = 5700 €; p = 3,7 %; t = 251

$Z = 5700\,€ \cdot \frac{3{,}7\,\%}{100\,\%} \cdot \frac{251}{360} = 147{,}04\,€$

Auf einem Festgeldkonto würden ihm 147,04 € Zinsen gutgeschrieben.

Der Unterschied beträgt: 59,61 €.

4

Lege eine Tabelle in der folgenden Form an. Rechne jeweils die Tage aus, die zwischen den jeweiligen Konto-Veränderungen liegen. Die Zinsbeträge werden erst am 31.12. gutgeschrieben.

Zeitraum	Tage	Kapital	Einz.	Ausz.	Zins
01.01. – 15.03.	105	300			$Z = 300\,€ \cdot \frac{2{,}5}{100} \cdot \frac{105}{360} =$ 2,19 €
15.03. – 20.10.	215		2750		$Z = 3050\,€ \cdot \frac{2{,}5}{100} \cdot \frac{215}{360} =$ 45,54 €
20.10. – 08.11.	18			350	$Z = 2700\,€ \cdot \frac{2{,}5}{100} \cdot \frac{18}{360} =$ 3,38 €
08.11. – 31.12.	53		150		$Z = 2850\,€ \cdot \frac{2{,}5}{100} \cdot \frac{53}{360} =$ 10,49 €

Zinssumme: 61,60 €

Lisa hat am Ende des Jahres folgenden Kontostand: 300 + 2750 – 350 + 150 = 2850 €;
2850 € + 61,60 € Zinsen = 2911,60 €

5

Rechnungsbetrag: 4570 €

Skonto: p = 3 %: 137,10 €

K = 1980 €

p = 15 %

t = 20

$Z = 1980\,€ \cdot \frac{15\,\%}{100\,\%} \cdot \frac{20}{360}$

Z = 16,50 €

Bei Barzahlung mit 3 % Skontoabzug ist er günstiger dran.

Er hat eine Ersparnis von 137,10 – 16,50 = 120,60 €.

Test

1

G = 116 Schüler

p = 21%

Schüler, die Musik wählten:

$P = \frac{116 \cdot 21\%}{100\%} = 24{,}36$

Bei Personen wird immer aufgerundet!

25 Schüler wählten Musik.

Schüler die Bildende Kunst wählten:

116 − 25 = 91

91 Schüler wählten Bildende Kunst.

2

$G^- = 59{,}99$ €; $p = 35\% \Rightarrow q = 0{,}65$

Die Inliner kosteten vorher 92,29 €

$G = \frac{G^-}{q} = \frac{59{,}99\,€}{0{,}65} = 92{,}29\,€$

3

$G = 149$ €; $G^- = 69{,}99$ €

$q = \frac{G^-}{G} = \frac{69{,}99\,€}{149\,€} = 0{,}4697$

$p = (1 - 0{,}4697) \cdot 100 \approx 53{,}0$

Der Preisnachlass für das Scooterboard betrug ca. 53%.

4

$P = 5130$ €; $p = 19\%$

$G = \frac{5130\,€ \cdot 100\%}{19\%} = 27\,000\,€$

Das Auto kostet ohne Mehrwertsteuer 27 000 €;

Inklusive Mehrwertsteuer: 27 000 € + 5130 € = 32 130 €

5

G = 107 608 Diebstahldelikte in 2004

G^- = 99 000 Diebstahldelikte in 2005

$q = \frac{99\,000}{107\,608} = 0{,}92$

p = 8,0 €

Die Diebstahldelikte in NRW sind um 8% zurückgegangen.

6

$K = 2500$ €; $p = 3{,}7\%$

Du erhältst 92,50 € Zinsen.

$Z = \frac{2500\,€ \cdot 3{,}7\%}{100\%} = 92{,}50\,€$

7

Datum	Tage	Einzahlung	Auszahlung	Kontostand	Zinsen $Z = K \cdot \frac{p}{100} \cdot \frac{t}{360}$
1.1. – 17.6.	167			1250 €	15,95 €
17.6. – 31.12.	193	235 €		1485 €	21,89 €
31.12.	0		75 €	1410 €	0 €

Kontostand: 1410 € + Zinsen (15,95 € + 21,89 €) = 1447,84 €

8

K = 10 500 €; p = 4,2 %; Z = 200,90 €

$$Z = K \cdot \frac{p}{100} \cdot \frac{t}{360}$$

$$200{,}90\,€ = 10\,500\,€ \cdot \frac{4{,}2\,\%}{100\,\%} \cdot \frac{t}{360}$$

$$200{,}90\,€ = 441\,€ \cdot \frac{t}{360}$$

$$t = 164\ \text{Tage}$$

Das Kapital lag 164 Tage auf dem Konto.

8 Daten

8.1 Daten erfassen

1

Note	1	2	3	4	5	6	Anzahl	Durchschnitt
1. KA	4	6	9	8	3	0	30	3,0
2. KA	2	3	14	7	2	0	28	3,1
3. KA	–	2	6	12	5	1	26	3,8 *)
4. KA	1	4	15	8	2	0	30	3,2

Auswertungsbeispiele:
Die erste Klassenarbeit ist am besten ausgefallen, die dritte am schlechtesten. Bei der schlechtesten, dritten Arbeit haben die guten Schüler gefehlt,…

**) in der Notengebung wird nicht mathematisch gerundet. Ein Durchschnitt von 3,88 ist nicht 3,9 sondern 3,8.*

2

So könnte ein Fragebogen aufgebaut sein:

1. Frühstückst du regelmäßig ☐ manchmal ☐ nie ☐
2. Was isst du zu Mittag?
   meine Mutter kocht ☐
   ich koche mir selbst etwas ☐
   ich esse in der Schule ☐
   ich hole mir etwas am Imbissstand ☐
   sonstiges ______________________
3. Zu Abend esse ich warm mit meiner Familie ☐
   … lasse ich ausfallen ☐
   … esse ich Knabbersachen beim Fernsehen ☐
   … ______________________________
4. Mein Lieblingsessen ist: ______________________________
5. Obst esse ich häufig ☐ selten ☐ nie ☐
6. Gemüse mag ich sehr gerne ☐, nicht so sehr ☐, überhaupt nicht ☐

3

1. Bevorzugst du modische Kleidung? **Ja, sonst hält man dich für unmodern.**
2. Möchtest du, dass alle gleich aussehen? **Nein, weil du etwas Besonderes bist.**
3. Bevorzugst du deinen eigenen Stil? **Ja, du bist doch kein Mitläufer.**
4. Findest du Schuluniform zu elitär? **Ja, denn du denkst an teuere Internate.**
5. Sind alle Schüler gleichgestellt, wenn alle dieselbe Kleidung tragen. **Nein, denn du willst nicht als oberflächlich gelten.**

8.2 Daten auswerten

1

Rang	1	2	3	4	5	6	7	8	9	10	11
	10 s	10 s	11 s	11 s	11 s	12 s	12 s	13 s	15 s	15 s	17 s

Zentralwert: 11 : 2 = 5,5 ⇒ Rangplatz 6 (12 s)

oberes Quartil (q_o): $11 \cdot \frac{3}{4} = 8{,}25$ ⇒ 9. Rangplatz (15 s)

unteres Quartil (q_u): $11 \cdot \frac{1}{4} = 2{,}75$ ⇒ 3. Rangplatz (11 s)

Maximum: 17 s; Minimum: 10 s; Spannweite: 7 s

2

Max: 5,30 m; Min: 4,60 m; Spannweite: 0,70 m; Zentralwert: 4,95 m
unteres Quartil: 4,80 m; oberes Quartil: 5,00 m

3

Rang	1	2	3	4	5	6	7	8	9	10
Euro	460	495	498	510	511	520	528	530	535	580

Zentralwert: 515,50 €; Max: 580,– €; Min: 460,– €; Spannweite: 580 € – 460 € = 120,– €
unteres Quartil: 498,– €; oberes Quartil: 530,– €

8.3 Daten beurteilen und darstellen

1

Tag	Raser	Anzahl	Tag	Raser	Anzahl
1	卌 卌 卌 卌 卌 I	26	7	卌 卌 卌 卌 卌	25
2	卌 卌 卌 II	17	8	卌 卌 卌 卌 III	23
3	卌 卌 卌 卌 卌 III	28	9	卌 卌 卌 卌 卌 IIII	29
4	卌 卌 卌 卌 IIII	24	10	卌 卌 卌 III	18
5	卌 卌 卌 IIII	19	11	卌 卌 III	13
6	卌 卌 卌 II	17	12	卌 卌 卌 卌 I	21

Rangliste	1	2	3	4	5	6	7	8	9	10	11	12
Anzahl der Autos	13	17	17	18	19	21	23	24	25	26	28	29

Kennwerte:	Rangplatz	Wert
Minimum	1	13
Unteres Quartil	$12 \cdot \frac{1}{4} = 3$	17
Zentralwert	zwischen 6 und 7	22
Oberes Quartil	$12 \cdot \frac{3}{4} = 9$	25
Maximum	12	29

Boxplot:

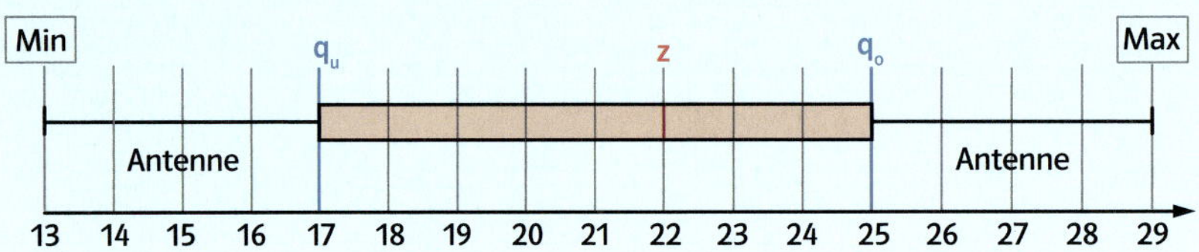

2

Rangliste	1	2	3	4	5	6	7	8	9	10	11	12	13	14	15	16	17
	3	5	5	6	7	7	7	8	9	10	10	11	11	12	13	13	17

Bei wiederholter gleicher Anzahl, brauchst du jedes Mal einen Rangplatz! Z. B. 3 mal 7 ⇒ 3 Rangplätze.

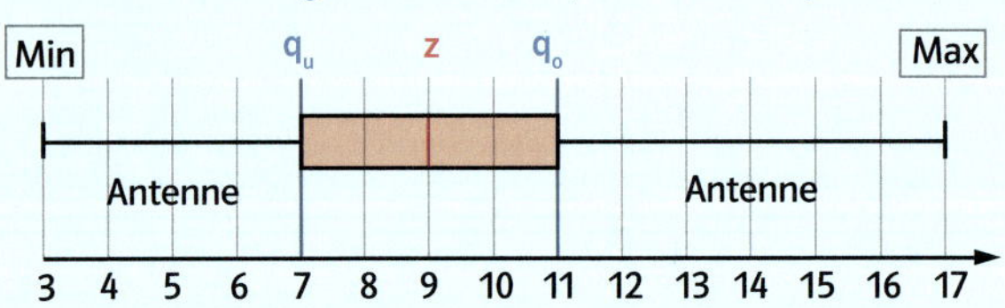

3

a) Am häufigsten kam Schüler D zu spät

b)

Schüler	A	B	C	D
Durchschnittliche Verspätungen pro Woche	2,33-mal	2,87-mal	3,87-mal	4,4-mal

c) Rangliste für A

Rang	**1**	**2**	**3**	**4**	**5**	**6**	**7**	**8**	**9**	**10**	**11**	**12**	**13**	**14**	**15**
Versp.	0	0	0	0	0	0	1	1	2	2	3	4	5	7	10
	Min				q_u			Z				q_o			Max

Rangliste für B

Rang	**1**	**2**	**3**	**4**	**5**	**6**	**7**	**8**	**9**	**10**	**11**	**12**	**13**	**14**	**15**
Versp.	0	0	0	0	0	0	1	2	3	4	4	4	7	7	11
	Min				q_u			Z				q_o			Max

Rangliste für C

Rang	**1**	**2**	**3**	**4**	**5**	**6**	**7**	**8**	**9**	**10**	**11**	**12**	**13**	**14**	**15**
Versp.	0	0	1	2	2	3	3	4	4	5	5	6	7	8	8
	Min				q_u			Z				q_o			Max

Rangliste für D

Rang	**1**	**2**	**3**	**4**	**5**	**6**	**7**	**8**	**9**	**10**	**11**	**12**	**13**	**14**	**15**
Versp.	1	1	1	1	2	3	3	4	4	6	6	7	8	9	10
	Min				q_u			Z				q_o			Max

d) Boxplots

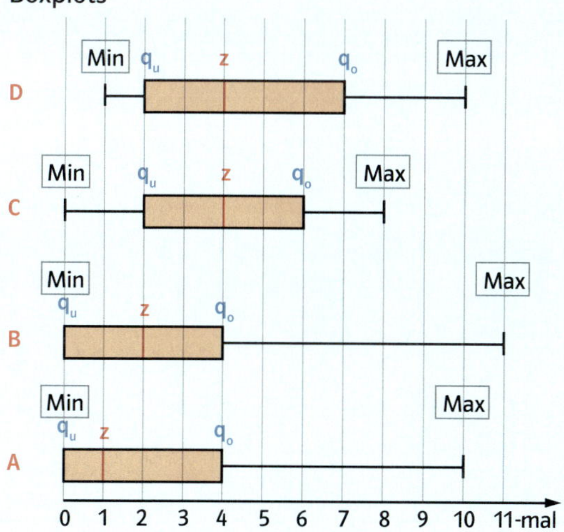

4

Rangliste: Anzahl der Befragten: 36

Rang	1 – 4 (4)	5 – 12 (8)	13 – 25 (13)	26 – 36 (11)
Alter	25 – 35	36 – 45	46 – 55	56 – 65

Das Durchschnittsalter beträgt

$4 \cdot (25 + 35) : 2 + 8 \cdot 40 + 13 \cdot 50 + 11 \cdot 60 = 1730 : (4 + 8 + 13 + 11) = 1730 : 36 \approx 48$ Jahre

Kennwerte:

Min: zwischen 25 und 35; Max zwischen 55 und 65; Spannweite: 40 Jahre;

Zentralwert: Mittelwert des 18. und 19. Rangs, ihn findest du bei den 46 – 55 Jährigen.

unteres Quartil ($36 : 4 = 9$) bei den 36 bis 45 Jährigen

oberes Quartil: ($36 \cdot \frac{3}{4} = 27$) bei den 56 bis 65 Jährigen

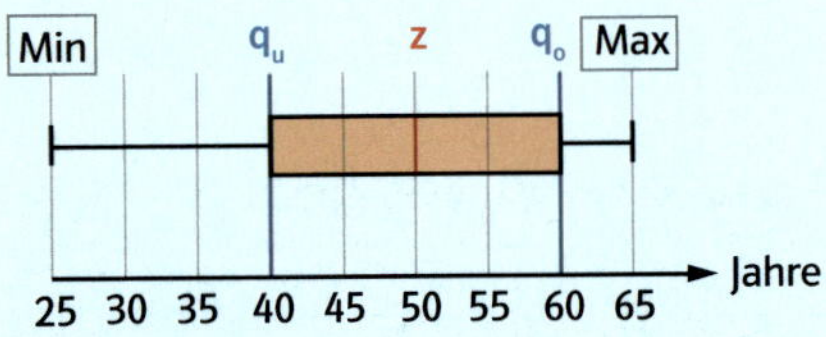

Mehr als die Hälfte der Belegschaft ist zwischen 40 und 60 Jahre alt.

Der Zentralwert liegt bei 50 Jahre.

Ein Viertel der Beschäftigten ist jünger als 40 Jahre.

Ein Viertel der Belegschaft ist zwischen 60 und 65 Jahre alt.

Test

1

a) Den durchschnittlichen Niederschlag in Stadt B bestimmst du, indem du alle Werte zusammenzählst (Summe: 576 mm) und dann durch die 12 Monate teilst. Der durchschnittliche Niederschlag beträgt 48 mm.

b)

Rang	1	2	3	4	5	6	7	8	9	10	11	12
Monat	April	Mai	Sept	März	Feb	Okt	Nov	Juni	Aug	Jan	Dez	Juli
mm	55	61	67	68	69	76	77	77	80	84	89	95

Maximum: 95 mm
Minimum: 55 mm   Spannweite: 95 mm − 55 mm = 40 mm.

c)
- In A-Stadt regnet es in den drei Sommermonaten im Durchschnitt 84 mm.
- In B-Stadt regnet es in den drei Sommermonaten durchschnittlich 66 mm.
- In B-Stadt regnet es im Juni 13 mm, im Juli 18 mm und im August 23 mm weniger als in A-Stadt.
- In A-Stadt regnet es im Sommer im Durchschnitt 18 mm mehr als in B-Stadt.

2

Das Thermometer zeigt während einer Woche folgende Temperaturen (in °C).

Zeit	So	Mo	Di	Mi	Do	Fr	Sa
8 Uhr	3,8	7,4	6,3	2,4	0,5	1,0	0,3
14 Uhr	11,2	11,0	12,1	10,4	5,9	5,8	3,9
20 Uhr	6,5	7,2	5,2	4,8	3,8	4,2	3,1
a) ∅	7°C	8,2°C	7,2°C	5,6°C	3,5°C	3,8°C	2,6°C

Berechnung z. B. am Sonntag: $(3{,}8 + 11{,}2 + 2 \cdot 6{,}5) : 4 = 28 : 4 = 7$

Beachte, dass die Abendtemperatur doppelt zu rechnen ist, da nachts nicht gemessen wird.

b) die mittlere Temperatur der Woche beträgt: $(7 + 8{,}2 + 7{,}2 + 5{,}6 + 3{,}5 + 3{,}8 + 2{,}6) : 7 = 37{,}9 : 7 \approx 5{,}4\,°C$

c) Blockdiagramm für die mittleren Tagestemperaturen:

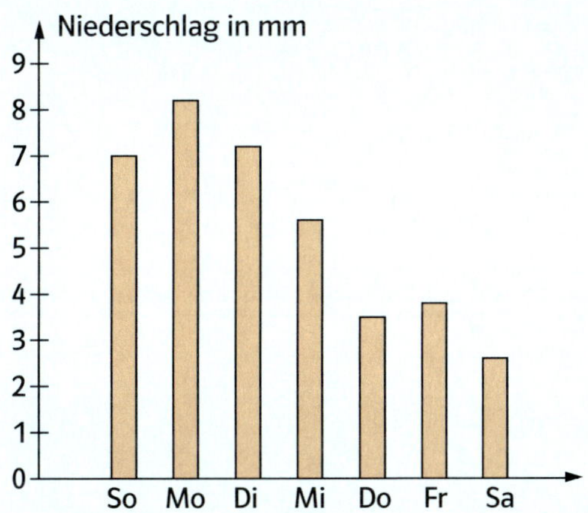

3

a) Ein Quartil ist das untere oder das obere Viertel einer Rangliste.

b) Die Differenz aus dem oberen und dem unteren Quartil nennt man den Quartilabstand.

c) Die zentrale Hälfte findest du zwischen dem unteren und oberen Quartil.

4

Rangplatz	1	2	3	4	5	6	7	8	9	10	11	12
Ausg. in €	0	0	2	2	3	5	5	6	7	8	8	12
Kennwert	Min		q_u						q_o			Max

z

Boxplot:

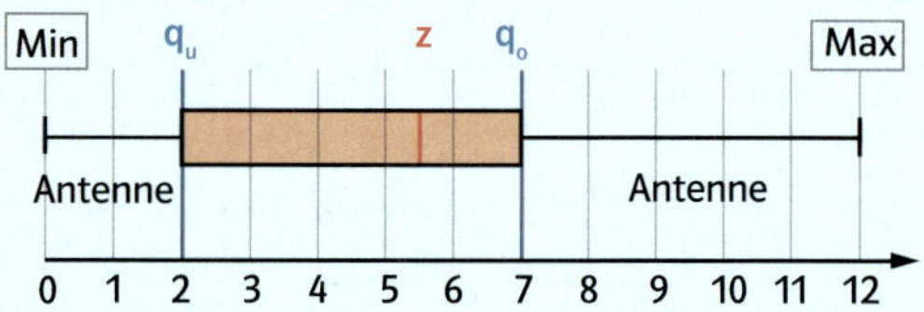

5

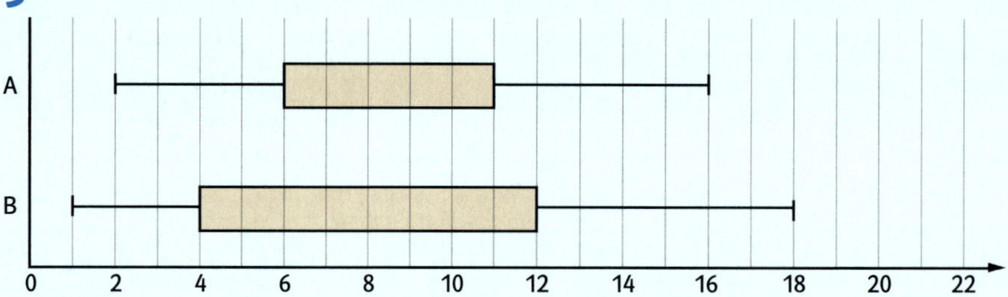

Kennwerte		
	A	B
Min	2	1
q_u	6	4
q_o	11	12
Max	16	18

Den **Zentralwert** kannst du nicht genau ablesen, weil die Angabe der Rangplätze fehlt. Du kannst ihn nur ungefähr aus q_o und q_u ermitteln:

A: $(6 + 11) : 2 = 8{,}5 \approx 9$

B: $(4 + 12) : 2 = 8$